JIANGDOU

BINGCHONGHAI LÜSE FANGKONG JISHU JICHENG

YINGYONG ZHINAN

豇豆

农业农村部种植业管理司
全国农业技术推广服务中心 | 编著

病虫害绿色防控技术集成

应 用 指 南

中国农业出版社

北 京

图书在版编目（CIP）数据

豇豆病虫害绿色防控技术集成应用指南 / 农业农村部种植业管理司，全国农业技术推广服务中心编著．—北京：中国农业出版社，2025.7. -- ISBN 978-7-109-33130-3

Ⅰ．S436.43-62

中国国家版本馆CIP数据核字第2025J59K85号

中国农业出版社出版

地址：北京市朝阳区麦子店街18号楼

邮编：100125

责任编辑：阎莎莎　杨彦君

版式设计：王　晨　责任校对：吴丽婷　责任印制：王　宏

印刷：河北盛世彩捷印刷有限公司

版次：2025年7月第1版

印次：2025年7月北京第1次印刷

发行：新华书店北京发行所

开本：880mm×1230mm　1/32

印张：4.75

字数：132千字

定价：39.00元

编写人员名单

主　　编　李　萍　郭永旺

副主编　李　涛　孙作文　王　琳　代晓彦

编写人员（按姓名笔画排序）

王　胤　王　琳　王　甦　王　静

王帅宇　王昊祺　牛小慧　尹　哲

田丽霞　代晓彦　朱晓明　任彬元

刘　慧　刘万才　刘万学　孙贝贝

孙作文　杜永均　李　姝　李　涛

李　萍　李　跃　李相煌　吴青君

邱　坤　陈丽丽　陈越华　陈燕羽

林　锌　卓富彦　罗　嵘　孟璐璐

赵　伟　胡　彬　胡慧芬　秦　萌

夏玉先　郭永旺　常雪艳　葛兆悦

谢　文　褚姝频

FOREWORD 前言

　　豇豆属大宗蔬菜，在我国各地均有种植。豇豆喜温耐热、不耐霜冻，露地种植主要分布在淮河流域及以南的热带和亚热带地区，淮河以北温带地区以夏季露地、秋季和春季设施大棚种植为主。我国豇豆种植以小农户种植为主，种植比较分散，规模化、标准化程度较低。豇豆生长周期长，属无限花序作物，花果同期，花期蓟马为害严重，对豇豆产量和品相造成直接影响。长期以来，豇豆种植者大多采用化学农药防治病虫害，采摘期若不能严格执行农药使用安全间隔期，将导致豇豆农药残留超标问题。近10年农产品质量安全例行抽检监测显示，豇豆农药残留合格率总体偏低，合格率显著低于全国蔬菜平均水平。为全面有效治理豇豆农药残留，提高"菜篮子"产品质量安全水平，农业农村部相继于2021年5月启动食用农产品"治违禁 控药残 促提升"行动，2022年9月启动豇豆农药残留攻坚治理工作，2023年3月农业农村部发布654号公告，将豆大蓟马、瓜蓟马、西花蓟马和花蓟马等豇豆上发生的重要蓟马类害虫列入《一类农作物病虫害名录》。为推进豇豆农残治理工作，农业农村部种植业管理司会同全国农业技术推广服务中心先后在豇豆主产区建立豇豆病虫害绿色防控示范区，并带动各地建立以县域为单位的豇豆示范区，探索集成豇豆全程绿色防控技术模式，为绿色防控和科学安全用药技术推广应用奠定了基础。

　　本书是在全国各地豇豆病虫害绿色防控示范推广应用的基础上，将豇豆病虫害防控中采用的9项绿色防控关键技术进行总结提炼，集成示范形成18个区域技术模式，旨在为基层技术人员、豇豆种植者提供参考，书中难免有疏漏和不完善之处，恳请各位同行专家、读者批评指正。

编著者

2025年1月

C O N T E N T S 目录

第一章
豇豆主要病虫害发生与为害

第一节 主要害虫发生与为害

一、蓟马

1. 发生与分布 蓟马属于缨翅目蓟马科。蓟马寄主范围广，可为害豆科、葫芦科、茄科等多种蔬菜，也可为害芒果、蜀葵等水果和园艺花卉植物。蓟马在我国各省份均有分布，豇豆常见发生种类为豆大蓟马（也叫普通大蓟马）[*Megalurothrips usitatus* (Bagnall)]、花蓟马 [*Frankliniella intonsa* (Trybom)]、西花蓟马 [*Frankliniella occidentalis* (Pergande)] 等。由于蓟马具有体型微小、为害隐蔽、世代周期短、繁殖力强、易产生抗药性等特性，成为豇豆最重要的害虫之一。蓟马存在转主为害现象，即在不同作物间、在作物不同生长期以及在田间作物与杂草间转移。蓟马在不同地区、不同年份发生代数有所差异，如豆大蓟马在海南1年发生24～26代。蓟马末龄若虫停止取食，有入土化蛹习性。蓟马亦可传播病毒病造成间接危害，例如西花蓟马可传播番茄斑萎病毒（*Tomato spotted wilt virus*，TSWV）、凤仙花坏死斑病毒（*Impatiens necrotic spot virus*，INSV）和烟草条纹病毒（*Tobacco streak virus*，TSV）等11种病毒。

2. 为害状 蓟马成虫和若虫利用其锉吸式口器吸取植株幼嫩组织和器官的汁液，偏好侵害豇豆的花器、荚果和生长点等组织和器官。雌虫通过产卵器将卵产于幼嫩组织内，导致叶片褪绿并

豆大蓟马

花蓟马

西花蓟马

呈现铁锈色，生长点枯死、荚果无法坐果或出现斑点，从而严重影响豇豆产量与品质。

（1）嫩叶和顶芽受害。蓟马在叶片背面群聚取食，导致嫩叶出现白斑和叶片畸形，严重时降低叶片的光合效率。

蓟马为害豇豆叶片

（2）**花朵和花蕾受害**。蓟马为害花朵后，花朵出现凋落，花蕾僵化，影响豇豆的正常生长，造成豇豆减产。

蓟马为害豇豆花

（3）**荚果受害。**蓟马为害荚果后，果实出现畸形，果面呈现铁锈色斑点，尤其是在果实与果柄连接区域表现尤为明显，受害部位表皮僵硬，极大影响产量和品质。

蓟马为害豆荚

二、斑潜蝇

1. 发生与分布　斑潜蝇属于双翅目潜蝇科，豇豆上常见的是三叶草斑潜蝇 [*Liriomyza trifolii*（Burgess）]、南美斑潜蝇 [*Liriomyza huidobrensis*（Blanchard）] 和美洲斑潜蝇 [*Liriomyza sativae*（Blanchard）]。斑潜蝇分布范围广，我国绝大部分地区都有发生。斑潜蝇寄主范围广，可为害豆类、瓜类、茄果类等多种蔬菜以及观赏植物，具有繁殖速度快、世代重叠严重、抗药性强的特性，成虫和幼虫均能造成损害。成虫具有趋光、趋黄和趋化性，卵产于叶表皮下，卵孵化后幼虫潜居叶内取食为害。

美洲斑潜蝇幼虫

美洲斑潜蝇成虫

南美斑潜蝇幼虫

南美斑潜蝇成虫

三叶草斑潜蝇幼虫

三叶草斑潜蝇成虫

　　2. 为害状　成虫在叶片正面或背面取食和产卵，幼虫潜入叶片和叶柄为害，降低光合作用，导致植株生长缓慢，造成叶片枯死脱落，严重时可造成植株死亡。

（1）三叶草斑潜蝇。幼虫为害造成典型的蛇形潜道，终端不明显变宽，严重时叶片干枯死亡。成虫多在叶片正面取食和产卵为害。

（2）南美斑潜蝇。幼虫在叶片上、下表皮之间取食叶肉，形成的潜道大多呈线状或不规则状，沿叶脉分布，潜道粗宽，不连贯，颜色呈白色，潜道两侧或中间有少量黑色丝状粪便。成虫利用其产卵器划开叶片表皮，大部分成虫在叶片背面产卵和取食为害，少部分在叶片正面产卵和取食为害。

三叶草斑潜蝇为害状

南美斑潜蝇为害状

（3）**美洲斑潜蝇**。幼虫从叶片正面潜入叶片和叶柄为害。潜道呈蛇形虫道，一般不穿过叶脉，潜道颜色呈白色，潜道两侧有交错的黑色丝状粪便。单个潜道影响不大，然而，当幼虫数量庞大时，整个叶片都可能布满潜道，严重受损的植物看起来像是被火烧过一样。成虫在叶片正面取食和产卵为害。

美洲斑潜蝇为害状

三、豇豆荚螟

1. **发生与分布** 豇豆荚螟（*Maruca testulalis* Geyer）属于鳞翅目螟蛾科，又名豆野螟、大豆荚螟、豆荚斑螟，俗称豇豆钻心虫，主要为害豇豆、扁豆、菜豆、大豆、豌豆、绿豆等豆类作物。豇豆荚螟在我国各地均有发生，不同地区豆荚螟的为害程度不同，由北到南1年发生3～10代。豇豆荚螟属两性生殖，世代重叠严重，具有入土化蛹越冬和转荚为害的习性。成虫交配将卵散产于豇豆嫩荚、花蕾和叶柄上，初孵幼虫淡黄色，后随环境不同体色

豇豆荚螟成虫 豇豆荚螟幼虫

有所变化。豇豆荚螟成虫和若虫有昼伏夜出习性，成虫白天隐匿在豇豆下部叶片的背部，22:00—23:00活动最旺盛。

2. **为害状** 在豇豆开花结荚期为害，以取食豇豆花及荚果为主，造成落花、烂花、落荚和烂荚现象，严重损害产量和食用价值。

豇豆荚螟幼虫为害花

豇豆荚螟幼虫为害豆荚

四、甜菜夜蛾

1. 发生与分布 甜菜夜蛾〔*Spodoptera exigua*（Hübner）〕属于鳞翅目夜蛾科，是一种世界性分布的多食性害虫，在我国各地均有分布。甜菜夜蛾年发生代数依地区不同而异。成虫昼伏夜出，20:00—22:00活动最盛，飞行能力强，有趋光性和趋化性。

甜菜夜蛾卵块

甜菜夜蛾蛹

甜菜夜蛾成虫

2. 为害状 甜菜夜蛾以幼虫为害为主，一至二龄幼虫群集在叶背，吐丝结网，啃食叶肉，只留表皮成透明的小孔，三龄后分散为害，四至五龄进入暴食期，啃食叶片，可将叶片吃成孔洞或缺刻，严重时全部叶片被咬食殆尽，只剩叶脉和叶柄，导致植株死亡，造成缺苗断垄，甚至毁种。

甜菜夜蛾幼虫为害叶片及豆荚

五、斜纹夜蛾

1. 发生与分布 斜纹夜蛾 [*Spodoptera litura*（Fabricius）] 属于鳞翅目夜蛾科，又名斜纹夜盗虫、莲纹夜蛾，寄主范围十分广泛，是典型的杂食性、暴发性害虫，在我国各地区已广泛分布。斜纹夜蛾属两性生殖，成虫具有昼伏夜出的习性，傍晚至午夜活跃，飞行力强，成虫具有较强的趋光性、趋化性。幼虫有入土化蛹习性，也可在枯叶下化蛹。

斜纹夜蛾卵

斜纹夜蛾幼虫　　　　　　　　　　　斜纹夜蛾蛹

斜纹夜蛾成虫

2. **为害状**　主要以幼虫啃食植物叶部，也为害花及果实。初孵幼虫在叶背为害，取食叶肉，仅留下表皮，三龄后造成叶片、花蕾残缺，甚至全部吃光，四龄后进入暴食期，严重时可吃光豇豆叶片。

斜纹夜蛾幼虫为害叶片和豆荚

六、豆蚜

1. **发生与分布** 豆蚜（*Aphis craccivora* Koch）属于半翅目蚜科，别名苜蓿蚜、豇豆蚜，主要为害豇豆、蚕豆、菜豆等豆科植物和花生、甘蔗等。该虫以刺吸式口器在植株嫩茎、幼芽、叶、花柄等部位吸取汁液，同时排泄大量蜜露污染植株。豆蚜繁殖力极强，高温干旱条件下繁殖快。有较强的趋黄性，对银灰色存在极强的忌避习性。

2. **为害状** 豆蚜主要为害嫩叶、嫩茎、嫩梢、花和豆荚。刺吸寄主汁液，造成植株生长点枯萎、叶片卷缩变小、嫩荚萎缩。

豆蚜为害叶片

七、烟粉虱

1. **发生与分布** 烟粉虱［*Bemisia tabaci*（Gennadius）］属于半翅目粉虱科，寄主广泛。烟粉虱生殖方式为孤雌生殖或两性生殖，生命周期有卵、若虫、成虫三个阶段，繁殖速度快。在热带和亚热带地区1年可发生11～15代，在我国北方露地不能越冬，保护地可周年发生。

2. **为害状** 烟粉虱以刺吸式口器直接取食豇豆叶片汁液，造成植株衰弱、干枯，严重时叶片正面出现黄斑，黄化脱落，或植株叶片出现白色小点，沿叶脉变为银白色，并逐渐发展至全叶银白色。成虫和若虫吸食植物汁液时产生蜜露，诱发煤污病，影响豇豆生长。可传播多种病毒，诱发病毒病。

烟粉虱若虫为害叶片　　　　　　　　烟粉虱成虫为害叶片

八、叶螨

1. **发生与分布**　豇豆上发生的叶螨主要为朱砂叶螨 [*Tetranychus cinnabarinus*（Boisduval）]、二斑叶螨（*Tetranychus urticae* Koch），属于蜱螨目叶螨科，高温条件下容易大发生。朱砂叶螨1年发生10～20代，一般先为害下部叶片，后逐渐向上蔓延。

2. **为害状**　朱砂叶螨以幼螨、若螨、成螨在叶背吸食寄主汁液，导致叶片出现褪绿斑点，以后逐渐变成灰白色或红色斑，严重时叶片焦枯脱落，似火烧状，叶片全部脱落。

叶螨及其为害状

第二节　主要病害发生与为害

一、豇豆枯萎病

1. 发生与分布　豇豆枯萎病病原菌为尖镰孢 [*Fusarium oxysporum*]，属半知菌亚门真菌，该病菌只侵染豇豆，是一种豇豆土传真菌，广泛分布于我国豇豆种植区。病原菌随植株病残体、土壤和带菌肥料传播，也可通过种子传播。豇豆枯萎病一般不在苗期表现症状，而在开花期或结荚期症状明显，特别是结荚盛期发病十分严重，常常形成发病高峰。豇豆种植过密、通风透光性差的条件下容易发病；多年连作、排水性差及土壤偏酸地块发病严重。

2. 症状　病原菌侵染根部，随后侵入维管束，形成系统侵染，导致整株发黄萎蔫。纵向切开病株根部和茎基部可发现内部维管束组织呈褐色。发病初期植株地上部枯萎，夜间可恢复，几天后植株黄萎枯死。靠近土壤基部呈黑褐色腐烂，有时表面可见粉红色霉状物。

枯萎病根部症状

15

枯萎病发病后期症状

二、豇豆锈病

1. **发生与分布**　豇豆锈病病原菌为豇豆单胞锈菌（*Uromyces vignae* Barclay），属担子菌亚门真菌，田间多以夏孢子和冬孢子存在，在豇豆种植区普遍发生。23～27℃为最适发病温度，田间环境高湿、早晚露水重、昼夜温差大病情蔓延迅速。在豇豆长势弱、肥力低、郁蔽的情况下，锈病发生严重。

豇豆锈病叶背面症状　　　　　豇豆锈病叶正面症状

2.症状 病原菌主要侵染叶片，也可侵染蔓茎、叶柄和豆荚。叶片发病初期叶背为黄色近圆形小斑点，渐变为褐色，后期叶片正、反两面均隆起锈色小脓疱，伴有黄色晕圈、近圆形病斑，脓疱顶部破裂，散出红褐色夏孢子堆，用手摸可见红褐色粉状物。蔓茎和叶柄发病产生的夏孢子堆形成近圆形或短条状病斑或围生一圈长圆形病斑。发病后期，植株中下部叶片成片干枯。

三、豇豆白粉病

1.发生与分布 豇豆白粉病病原菌为蓼白粉菌（*Erysiphe polygoni* DC.），属子囊菌门白粉菌属真菌。其有性世代产生子囊孢子，无性世代产生分生孢子。该病在全国各地均有发生，寄主范围较广，发病速度快。在田间环境郁蔽、植株长势弱、管理粗放、昼夜温差大、干旱等条件下易发病。

2.症状 病原菌主要侵染豇豆叶片，也可侵染茎蔓及果荚。叶片发病初期叶背呈黄褐色斑点，扩大后呈紫褐色病斑，病斑表面覆盖一层白粉，发病后期病斑沿叶脉发展，白粉布满整叶，直至全株发黄脱落。

豇豆白粉病叶正面症状

豇豆白粉病叶背面症状

四、豇豆根腐病

1.发生与分布 豇豆根腐病病原菌为腐皮镰孢菜豆专化型（*Fusarium solani* f. sp. *phaseoli*），属半知菌亚门真菌。该病是豇豆上重要的土传病害，在我国豇豆种植区普遍发生为害，尤其是连作地块发生严重。除为害豇豆外，还可为害菜豆等其他豆科蔬菜。在透光性差、环境湿度大、管理不当的地块发病重。

2. 症状　病原菌主要侵染植株根部和茎基部，生长早期症状表现为幼苗生长缓慢，通常在开花结荚期开始出现明显症状，即下部叶片从叶缘开始变黄，一般不脱落，病株很容易拔出，侧根少并且多腐烂死亡。病株主根至茎基部颜色变成褐色，病部凹陷，有时开裂。剖开主根或茎基部，维管束变褐。当主根腐烂后，植株由下而上发黄直至全株萎蔫死亡，根部裂陷、皮层脱落。潮湿时病部有白色菌丝和粉红色霉状物。

豇豆根腐病根部及地上部症状

五、豇豆炭疽病

1. 发生与分布　豇豆炭疽病病原菌为平头刺盘孢（*Colletotrichum truncatum*），属半知菌亚门刺盘孢属真菌，以分生孢子繁殖、休眠及进行侵染，是豇豆的一种重要病害，主要为害茎、叶、豆荚。

苗期至结荚期均可被侵染发病。植株受害轻者生长停滞，重者植株死亡，严重影响豇豆生长。病原菌以菌丝体随病残体在土壤中或在种子上越冬、越夏，种子传播是主要途径。一般连茬种植、高湿环境有利于发病。

2.**症状** 幼苗期：子叶上出现红褐色近圆形病斑，凹陷成溃疡状。幼茎上生锈色小斑点，后扩大成短条锈斑，常使幼苗折倒枯死。**成株期**：叶片上病斑多沿叶脉发生，出现圆形至不规则形病斑，边缘褐色，中部淡褐色，扩大后叶片萎蔫。茎部病斑红褐色，稍凹陷，呈圆形或椭圆形，外缘有黑色轮纹，可着生大量黑色龟裂，潮湿时病斑上产生浅红色黏状物。豆荚染病，病部生褐色小点，可扩大至直径1厘米的大圆形病斑，中心黑褐色，边缘淡褐色至粉红色，稍凹陷，易腐烂。

豇豆炭疽病发病症状

六、豇豆煤霉病

1.**发生与分布** 豇豆煤霉病又称叶霉病、叶斑病，病原菌为菜豆尾孢（*Cercospora cruenta* Sacc.），属半知菌亚门真菌，以菌丝块随病残体在田间土壤中越冬，种子带菌可进行远距离传播。主要侵染成熟叶片，嫩叶不易发病，严重时茎蔓、叶柄和豆荚也能被害。该病在全国各地均有发生，是豇豆上的主要病害。

2. **症状** 豇豆煤霉病一般在豇豆开花结荚期发病，在豇豆收获前发病最重，主要为害叶片，引起落叶，也可侵染茎蔓和豆荚。病斑初为不明显的近圆形黄绿色斑，继而黄绿斑中出现由少到多、两面生的紫褐色或紫红色小点，后扩大为近圆形或受较大叶脉限制而呈多角形的紫褐色病斑，病斑边缘不明显。湿度大时病斑表面生暗灰色或灰黑色煤烟状霉，尤以叶背密集。病害严重时，病叶曲屈、干枯早落，仅存梢部幼嫩叶片。

豇豆煤霉病发病症状

第二章
豇豆主要病虫害调查监测技术

病虫调查是病虫害防治的重要前提和依据，通过对病虫害发生动态的监测调查，了解和掌握豇豆病虫害的发生种类和发生程度，分析病虫害发生规律。条件允许时，对病虫害的发生时期、发生数量和发生程度进行预测预报，为准确研判病虫害防治关键时期，有针对性地制定防治技术方案，达到有效控制豇豆病虫为害，将起到非常重要的作用。结合豇豆种植主要病虫害发生种类，重点调查蓟马、斑潜蝇、豆荚螟、甜菜夜蛾、斜纹夜蛾、豇豆锈病、豇豆白粉病，为适时科学防治提供依据。

第一节　主要害虫调查监测

一、蓟马调查监测

豇豆蓟马监测一般采取蓝色粘虫板监测成虫以及人工采集调查若虫、成虫，及时掌握蓟马的发生期、发生种类、种群动态等。

1. 调查监测时间　调查时间为豇豆整个生长时期，包括苗期、伸蔓期、开花结荚期等。

2. 调查生境　保护地，包括育苗基地、生产基地（大棚、温室等）；露地，包括豇豆田块及周边菜地。

3. 监测方法　以成虫和若虫为主要对象，监测蓟马的发生动态和为害情况。

（1）色板诱测法。

①色板选择和设置。根据蓟马成虫对蓝色有趋性的特点，采用蓝色色板（以下简称蓝板）诱集调查。定植后，将蓝板（20厘米×25厘米）按照Z形或根据调查田块的大小均匀地与豇豆平行悬挂于田间，苗期悬挂于高出植株顶部10厘米处，开花结荚期悬挂于植株中上部。每亩悬挂5张蓝板，进行编号，如板1、板2等。

蓝板监测蓟马成虫

②色板管理。当蓝板上虫量较多或被杂物污染黏着力下降时，及时更换。更换下来的蓝板悬挂放置保存。

③数据记录和分析。每7天调查1次蓟马成虫诱集数量，结果计入表2-1，根据监测数据统计蓟马成虫发生初期、发生盛期、发生高峰期和发生末期，摸清成虫在田间的发生动态，作为指导防治依据。

（2）目测法。

①取样方法。根据地块形状采用5点法、对角线法取样为宜，观测豇豆生长点、叶片以及豆荚的受害情况，调查若虫、成虫数量。苗期，主要调查植株生长点和上、中部叶片，采用随机5点取

样调查，每个点调查10株，每株1～2片叶；开花结荚期，重点调查花内蓟马数量，采用随机5点取样调查，每个点上、中、下各取3～5朵花。

②调查统计方法。由于蓟马活动速度很快，人工调查时容易逃逸，可先把取样的叶片和花朵收集起来，装进自封袋并标记清楚。将适量酒精喷入自封袋后重新密封以使蓟马快速致死；将适量清水装入自封袋里淘洗叶片和花，再倒入白底水盆，死亡的蓟马就漂浮在水面，即可计数。每7天调查1次，结果计入调查表2-2，统计蓟马种类与发生数量。计算百株（花）雌、雄虫量。

4. 防治时期　苗期，当蓝板监测到蓟马成虫并处于始盛期时需进行防治；开花结荚期，当花内蓟马数量2～3头/朵时，需及时进行防治。

二、斑潜蝇调查监测

斑潜蝇监测调查一般采取色板监测成虫以及人工调查幼虫进行，掌握斑潜蝇的发生期、发生种类、种群动态、为害程度等，为适期开展防治提供依据。

1. 调查监测时间　调查时间为整个生长时期，包括苗期、伸蔓期、开花结荚期等。

2. 监测方法　以成虫和幼虫为主要对象，监测斑潜蝇的发生动态和为害程度。

(1) 成虫监测。

①黄板设置。根据斑潜蝇成虫对黄色有趋性的特点，采用黄色粘虫板（以下简称黄板）诱集调查。苗期悬挂于高出植株顶部10厘米处，开花结荚期悬挂于植株中上部。每亩*悬挂5张黄板，进行编号，如板1、板2等。

②色板管理。当黄板上虫量较多或被杂物污染黏着力下降时，及时更换。

③数据记录和分析。每3天调查1次诱蝇量，记录每张黄板上

---

*　亩为非法定计量单位，15亩＝1公顷。——编者注

黄板监测斑潜蝇成虫

的成虫数量，结果计入表2-3，根据监测数据统计斑潜蝇成虫的发生初期、发生盛期、发生高峰期和发生末期，摸清成虫在田间的发生动态，作为指导幼虫防治的依据。

（2）**幼虫调查**。

①调查方法。选择具有代表性的田块，采用5点取样调查法。每个样点上、中、下3个部位分别取10片叶。记录叶片受害数量、每片叶斑潜蝇虫道数以及为害面积占比，每3天调查一次，数据计入表2-4。

②叶受害率、百叶虫道数和叶受害面积占比计算。

叶受害率计算方法：叶受害率＝受害叶片数/总叶片数×100%

百叶虫道数计算方法：百叶虫道数＝平均每10片叶上的虫道数×10。

叶受害面积占比＝潜道面积/所有叶片总面积×100%，按照叶害面积将为害程度划分为7个等级。0级：叶受害面积占比＝0，无为害；Ⅰ级：0＜叶受害面积占比≤10%；Ⅱ级：10%＜叶受害

表2-1 蓟马成虫蓝板监测信息记录表

调查日期	调查地点	生育期	栽培方式	种植面积（米²）	成虫数量（头）					平均诱虫数（头）	备注
					板1	板2	板3	板4	板5		

表2-2 蓟马若、成虫为害调查信息记录表

调查日期	调查地点	生育期	栽培方式	调查总叶片（花）数	为害等级	蓟马数量（头）					平均每叶（花）虫数（头）	备注
						样点1	样点2	样点3	样点4	样点5		

表2-3 斑潜蝇成虫黄板监测信息记录表

调查日期	调查地点	寄主植物	生育期	栽培方式	种植面积（米²）	成虫数量（头）					平均诱虫数（头）	备注
						板1	板2	板3	板4	板5		

表2-4 斑潜蝇幼虫调查信息记录表

调查日期	调查地点	寄主植物	生育期	栽培方式	平均叶受害率（%）	叶受害面积占比（%）	为害等级	虫道数（每10片叶，条）					百叶虫道数（条）	备注
								样点1	样点2	样点3	样点4	样点5		

面积占比≤20%；Ⅲ级：20%＜叶受害面积占比≤30%；Ⅳ级：30%＜叶受害面积占比≤40%；Ⅴ级：40%＜叶受害面积占比≤50%；Ⅵ级：叶受害面积占比＞50%。

三、鳞翅目害虫调查监测

豇豆荚螟、甜菜夜蛾、斜纹夜蛾是豇豆上常见的鳞翅目害虫，田间调查可采用自动虫情测报灯、性诱智能监测和性诱捕人工监测。

1. 调查监测时间 调查时间为豇豆整个生长时期，包括苗期、伸蔓期、开花结荚期等。

2. 调查监测方法

（1）**自动虫情测报灯**。利用鳞翅目害虫具有趋光性的特点，当成虫受光源吸引进入光源附近，会落入害虫处理仓，将害虫杀死，并可保持虫体的完整性。设备内置高像素摄像头，拍摄高清虫体照片，上传到调查系统，对虫体进行识别，并在云平台当中标记虫体的类别和数量。

①田间设置。每50亩安装1台。从当地常年平均发生期前20天至平均终见期15天止。开灯时间为每日18:00至次日5:00。

②数据统计。统计记录信息，包括日期、温度、湿度、日照时数、降水量，诱捕的害虫种类、数量等。根据虫情数据，判断虫害发生程度，并预测害虫的始盛期、高峰期和盛末期等三个重要时期，在不同的时期采取针对性防控措施，结果计入表2-5。

智能化虫情测报灯

表2-5　鳞翅目害虫成虫消长信息记录表

日期	地点	寄主植物	生育期	栽培方式	害虫种类	害虫数量（头）		
						雌虫	雄虫	合计

（2）**性诱智能监测**。利用昆虫对性信息素具有专一性引诱害虫进入监测设备，智能测报系统通过统计分析害虫数量，应用当地气象局未来15天的温度预测数值，利用温度与发育速率的函数关系，计算预测卵期和幼虫各龄发育历期，可以掌握防治时间，提高防治效果。田间设置自动虫情监测灯应在成虫飞扬前进行，按照作物布局以及种植规模设置安装。

性诱智能监测系统

（3）**性诱捕人工监测**。在田间设置性诱捕器进行害虫监测和调查。

①豇豆荚螟性诱监测。使用豇豆荚螟诱芯及其配套新型飞蛾诱捕器。每亩1套，均匀布置。诱捕器低口离地1.5米为宜。2个月左右更换一次诱芯，诱捕器根据诱虫情况及时清理。

②甜菜夜蛾性诱监测。将甜菜夜蛾诱芯及配套夜蛾类诱捕器

性诱监测豇豆荚螟成虫

悬挂于田间，每亩1套，均匀布置。苗期悬挂高度高出作物10～20厘米，生长中后期悬挂于植株中上部。3个月左右更换一次诱芯，诱捕器根据诱虫情况及时清理。

③斜纹夜蛾性诱监测。将斜纹夜蛾诱芯及配套夜蛾类诱捕器悬挂于田间，每亩1套，均匀布置。苗期悬挂高度高出作物10～

夜蛾类害虫性诱监测

20厘米，生长中后期悬挂于植株中上部。3个月左右更换一次诱芯，诱捕器根据诱虫情况及时清理。

3. **数据统计** 性诱人工监测每隔3天调查一次，记录诱捕的害虫种类、数量等数据，结果计入表2-6。根据监测统计数据可以预测出害虫的始盛期、高峰期和盛末期三个重要时期，准确推算卵期和幼虫期，指导施药防治。

表2-6 鳞翅目害虫调查记录表

监测害虫种类：

| 日期 | 害虫数量（头） | | | | | | 备注 |
	诱捕器1	诱捕器2	诱捕器3	诱捕器4	诱捕器5	诱捕器6 ……	

四、豆蚜调查监测

1. **调查监测时间** 调查时间为豇豆整个生长时期，包括苗期、花期、结荚期、收获期等。

2. **监测方法**

（1）**色板诱测法**。

①色板设置。根据豆蚜成虫对黄色有趋性的特点，采用黄板诱集调查。定植后，将色板按照Z形或根据调查田块的大小均匀悬挂于田间，苗期悬挂于高出植株10厘米处，开花结荚期悬挂于植株中上部。每亩悬挂5块黄板，进行编号，如板1、板2等。色板宜选择黄板，规格为20厘米×25厘米。

②色板管理。当黄板上虫量较多或被杂物污染黏着力下降时，及时更换。

③数据记录和分析。每5～10天调查1次，记录每个黄板上的有翅蚜数量，结果计入表2-7。

黄板监测豆蚜有翅蚜

（2）**目测法**。根据豇豆地块形状采用5点法、对角线法取样为宜，每点选取10株，每5天调查1次。观测豇豆生长点、叶片以及豇豆受害情况，调查蚜虫数量。结果计入表2-8。

第二节　主要病害调查监测

一、豇豆锈病调查

豇豆锈病最适宜发病的环境条件为气温23 ～ 27℃，相对湿度90% ～ 100%。发病潜育期8 ～ 10天。最适感病生育期为开花结荚至采收期。

1. 调查方法　选择不同的播种时间、主栽品种、地势和种植

表2-7 黄板监测有翅蚜的记录表

调查日期	调查地点	寄主植物	生育期	栽培方式	种植面积（米²）	蚜虫数量（头）					平均诱虫数（头）	备注
						板1	板2	板3	板4	板5		

表2-8 蚜虫为害调查信息记录表

调查日期	调查地点	寄主植物	生育期	栽培方式	调查株数（株）	有蚜株数（株）	每10株蚜虫数量（头）					百株蚜量（头）	备注
							样点1	样点2	样点3	样点4	样点5		

密度，常年发病比较重的田各 1 ~ 3 块，于播种出苗后 20 ~ 25 天开始至采收结束前 5 天调查。采用对角线 5 点取样法，每 5 天调查 1 次，每点在上、中、下部位各调查 10 片叶片，调查病叶率与病情指数。将每次调查结果汇总填入表 2-9 中。

表2-9 豇豆锈病田间调查记录表

单位：　　　　　　　　　　　　　　　年度：

日期	地点	类型田	品种	生育期	调查叶数（片）	发病叶数（片）	病叶率（%）	严重度					病情指数
								0	1	2	3	4	

2. 病情分级标准

0 级：全株无病；

1 级：全株 1/4 以下的叶片有少量病斑；

2 级：全株 1/2 以下的叶片有少量病斑或 1/4 以下的叶片有较多的病斑；

3 级：全株 3/4 以下的叶片发病或部分叶片变黄枯死；

4 级：全株 3/4 以上的叶片发病或 1/4 以上叶片变黄枯死。

3. 防治时期
病害发生早期、生长盛期和采摘中后期，根据田间温湿度情况及早防治。

二、豇豆白粉病调查

豇豆白粉病最适宜发病的环境条件为气温 20 ~ 30℃，相对湿度 45% ~ 70%。豇豆白粉病最适感病生育期为开花结荚至采收期。发病潜育期 5 ~ 7 天。

1. 调查方法
选择不同的播种时间、主栽品种、地势和种植密度，常年发病比较重的田各 1 ~ 3 块，于播种出苗后 20 ~ 25 天开始至采收结束前 5 天调查。采用对角线 5 点取样法，每 5 天调查 1

次，每点在上、中、下部位各调查10片叶片，调查病叶率与病情指数。将每次调查结果汇总填入表2-10中。

表2-10 豇豆白粉病田间调查记录表

单位：　　　　　　　　　　　　　　年度：

日期	地点	类型田	品种	生育期	调查叶数（片）	发病叶数（片）	病叶率（%）	严重度					病情指数
								0	1	2	3	4	

2. 病情分级标准

0级：全株无病；

1级：全株1/4以下的叶片有少量病斑；

2级：全株1/2以下的叶片有少量病斑或1/4以下的叶片有较多的病斑；

3级：全株3/4以下的叶片发病或部分叶片变黄枯死；

4级：全株3/4以上的叶片发病或1/4以上叶片变黄枯死。

3. 防治时期

病害发生早期、生长盛期和采摘中后期根据田间温湿度情况及早防治。

第三章
CHAPTER 3
豇豆病虫害绿色防控技术

第一节　健身栽培技术

豇豆属豆科一年生缠绕草本作物，茎有矮性、半蔓性和蔓性三种，属喜温耐热型作物，生长适温为20～30℃，在夏季32～35℃以上高温下茎叶仍可生长，但不耐霜冻，在10℃以下较长时间低温下生长受抑制。豇豆健身栽培技术主要包括合理轮作、选用抗性品种、植株健康管理、土肥水管理等。不同区域根据温湿度特点、土质特点，在不同生长期采用适合当地的健身栽培技术。

一、播种前的准备

1.选择适宜土壤　选择土层深厚、通气性良好，非连茬的沙壤土作为种植地，忌低洼易涝地块，土壤湿度宜为田间最大持水量的60%～70%，pH宜为6.0～7.0。育苗宜选择排水良好、光照好、保温好、无病虫源、充分晾晒的土壤或育苗基质作苗床。

2.优化土壤生境

（1）**开展轮作**。提倡与水稻进行水旱轮作，或与玉米、叶菜类及葱蒜类蔬菜进行轮作倒茬。

（2）**调节酸化土壤**。整地深翻前，对酸化土壤施用生石灰调节酸碱度至中性范围，每亩生石灰用量40～50千克，在整地时均匀施入。以后每年施用量减少1/2，直至改造为中性或微酸性土壤。配合施用碱性改良剂，如钙镁磷肥、磷矿石粉、草木灰、碳酸氢铵、石灰氮等，对酸性土壤有改良效果。

撒施生石灰

（3）**深翻土壤**。播种或定植前，清除田间植株残体和周围杂草，深翻土壤25～30厘米晾晒，晾晒15～20天。

（4）**补充有益微生物**。施用微生物菌肥、农家肥等有机肥料，并采用木霉菌、芽孢杆菌等微生物菌剂进行土壤处理，增加土壤有益微生物的种群数量，有效抑制土壤病原菌。

整地理墒

撒施有机肥

3.**施足基肥**　每亩施用有机肥500～1 000千克、三元复合肥（15-15-15）或（17-17-17）30～50千克、生物菌肥5～10千克充分拌匀作基肥，在畦中开沟埋施后覆土。

4.**深沟高畦**　播种前15天精细整地，疏松土壤，开沟作畦，双行种植畦面宽80～90厘米、畦高25～30厘米、沟宽40～50厘米，畦面呈龟背状。

5.**覆盖地膜**　选择晴朗无风的天气，整地后畦面覆盖银灰双色或黑色地膜，银色朝上，四周用土封严盖实。可先覆膜后再打孔播种，也可先播种后再覆膜，覆膜后需每天关注出苗情况，发现有苗顶膜后及时破膜引苗。提倡采用滴灌等水肥一体化技术进行膜下滴灌。

铺设滴灌管道

覆盖地膜

覆盖打孔地膜

二、播种期至苗期

1. **种子处理**　种子用清水淘洗后，加入适量55℃温水，浸泡20～30分钟，浸种结束后冷却，晾晒1～2天，不宜暴晒，播种前可对种子进行种子包衣或药剂拌种处理。

2. **确定种植密度**　每亩用种量和种植株数因种植品种和栽培方式的不同存在差异，如华南地区露天栽培每亩4 000～4 500穴，穴距25～30厘米，而防虫网大棚栽培需适当减降低种植密度，每亩3 500～4 000穴，穴距30～35厘米。

种子包衣

3. 直播或移栽

（1）**直播**。宜在晴天10:00前或16:00后或阴天播种。直播前3天浇水润畦，土壤湿度以60%～70%为宜。每穴播种2～3粒种子，穴深2～3厘米，用湿润的细土覆盖孔穴，轻轻压实细土。

（2）**育苗**。在苗床内平铺营养土，待水浸透苗床后，均匀撒上种子。冬、春季在苗床上需搭塑料拱棚，保温保墒。种子破土前白天温度控制在25～30℃，夜晚16～18℃；破土后白天温度控制在20～25℃，夜晚13～16℃。苗床塑料拱棚要早揭晚盖，保持光照和通风。

（3）**定植**。将苗和基质土一起放置在低于畦面1厘米的种植穴内，用细土将种植穴封盖压实，尽量保持地膜完整，有利于抑制杂草生长。定植后浇定植水。

水培育苗

小拱棚育苗

塑料大棚+小拱棚育苗

4. 定苗 幼苗第一对真叶微展时查苗补缺。拔除枯死苗、病弱苗，发现缺苗应及时补栽或补种。苗期1叶1心至2叶1心时进行间苗。苗期3～4叶时，每穴定苗1～3株。

三、伸蔓期

1. 搭架引蔓 当植株长至5～6片叶时即可插架，抽蔓后及时引蔓上架。

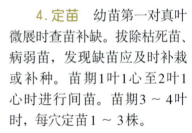

爬藤网引蔓

"人"字架搭架引蔓

吊绳引蔓

2. **整枝打杈** 主蔓第一节花序以下的侧芽长到3厘米时抹去侧芽；主蔓第一节花序以上各节位的侧蔓留2～3片叶后摘心；主蔓长到2.2米时摘心封顶；生长盛期，分批剪除下部老枝老叶。

3. **水肥管理** 苗期根据墒情和天气适量浇水，保持土壤湿润即可。苗期以蹲苗控旺为主，正常情况下不宜追肥。苗长势弱时，每亩每次随水追施三元复合肥（15-15-15）或（17-17-17）3～5千克，追施1～2次，间隔7～10天；天气降温前，叶面喷施氨基酸、腐殖酸等有机叶面肥，喷施2～3次，间隔7～10天。

4. **杂草管理** 待苗出齐后，露地栽培的地块，一般10天左右进行一次中耕除草，中耕不宜过深，以免伤根。覆膜的地块通过地膜可以控草，若需要可结合人工除草。

四、开花结荚期

1. **水分管理** 开花结荚期，土壤湿度以60%～70%为宜。清沟排水，注意防涝。

2. **施肥管理** 根据不同生长时期对养分的需求进行施肥，关键的施肥时期可以分为：花芽分化时，叶面喷施0.3%磷酸二氢钾溶液5～8次，间隔7～10天；叶面喷施0.2%硼肥和0.1%钼肥2～3次，间隔10～15天；叶面喷施赤·吲乙·芸苔或复硝酚钠等植物生长调节剂2～3次，每次间隔10～15天。第一花序豆荚坐

豇豆开花结荚初期

稳后以及蔓上约2/3花序开花时，每亩每次随水追施一次三元复合肥（15-15-15）或（17-17-17）7～10千克；采摘盛期，每亩随水追施三元复合肥（15-15-15）或（17-17-17）8～10千克、硫酸钾镁肥2～3千克；第一轮豇豆采收完、再翻花前，每亩随水追施三元复合肥（15-15-15）或（17-17-17）12～15千克，硫酸钾镁肥

2～3千克；第二轮豇豆结荚盛期，每亩随水追施三元复合肥（15-15-15）或（17-17-17）8～10千克、硫酸钾镁肥3千克。

此外，也可以使用生物有机肥。在豇豆第1节花序坐果前，严格控制水肥，防止徒长、压苗控旺。在第一节花序坐果后，晴天每5天滴灌1次小水5分钟，每次随水轮换交替追施大量元素平衡水溶肥、黄腐酸钾水溶肥、海藻水溶肥、氨基酸水溶肥、生物菌肥，每亩

豇豆采摘盛期

1.5～2.5千克。采收盛期晴天每5天滴灌1次小水8～10分钟，每次随水轮换交替追施上述肥料，每亩追施4～5千克。

第二节　生态调控技术

生态调控是利用增加生态系统多样性来增加系统内节肢动物食物网复杂度和稳定性，从而实现增加自然天敌丰度、降低害虫暴发风险的一类保护型生物防治方法。

一、技术原理

结合作物间套种、功能植物种植等生物多样调控与自然天敌保护利用等技术，改造病虫害发生源头及滋生环境，人为增强自然控害能力和作物抗病虫能力，从而达到增益控害、保益灭害的目的。例如在系统内外引入非作物的功能植物来形成生态岛、廊道等，即在农田等周围创造有利于天敌或传粉昆虫越冬、栖息及繁衍和转移扩散的生境，以提升农业生态系统的控害保益功能，实现对害虫种群可持续长期控制。

二、技术措施

1.选择适宜的功能植物 功能植物按照对天敌、害虫的不同作用，分为蜜源植物、诱集植物、驱避植物、栖境植物、储蓄植物等。

（1）**蜜源植物**。引入金盏菊或藿香蓟，用于提供替代食物辅助小花蝽、捕食螨、食蚜蝇等天敌的定殖，维持田间天敌的种群密度，提高对害虫的种群控制。

蜜源植物金盏菊和藿香蓟

（2）**驱避植物**。引入薄荷、罗勒、茴香、牛至、迷迭香等芳香植物驱避蓟马、粉虱、蚜虫、斑潜蝇等害虫迁入。

驱避植物薄荷、罗勒和牛至

（3）**栖境植物**。引入白三叶、芝麻、波斯菊、玛格丽特等栖境植物，增加对瓢虫、草蛉、食蚜蝇、姬蜂等天敌诱集招引，减少害虫为害暴发。

栖境植物白三叶和波斯菊

（4）**储蓄植物**。先引入玉米，接种玉米蚜虫（不为害豇豆）作为替代猎物，后引入瓢虫、小花蝽等天敌种群辅助定殖，可预防豇豆害虫暴发。或引入小麦-瓢虫储蓄植物系统，也可以辅助天敌，可持续控害。

储蓄植物玉米涵养瓢虫及释放异色瓢虫

2.种植时间　在豇豆种植前或生长初期引入，从而使其发挥对天敌种群增效定殖、控害的生态调控作用，更好地发挥功能植物作用。

3. **种植布局** 蜜源植物在豇豆田内按照棋盘式分布种植。驱避植物可种植在豇豆田外侧边缘。栖境植物、储蓄植物可在豇豆田内边界围作种植。

豇豆田边种植芹菜及芝麻等功能植物

4. **种植种类及数量** 功能植物种植种类可依据当地环境条件选择。蜜源植物建议按照间隔5～10米种植1棵，并适当引入天敌如瓢虫、小花蝽及寄生性天敌，增强天敌种群的定殖及控害作用。驱避植物依据豇豆田周围其他作物布局，至少种植1行，储蓄植物及栖境植物按照田块面积大小的1%～5%种植。

三、技术实施效果

1. **蜜源植物** 可有效提高天敌定殖扩繁效率，实现对蔬

豇豆田外围种植玛格丽特吸引天敌及利用薄荷驱避害虫

菜害虫的可持续控害，如金盏菊使东亚小花蝽的种群数量增加超过75%，从而提高对蓟马、蚜虫的控害能力。

2. **驱避植物** 如种植薄荷、香菜可以显著降低蚜虫密度近20%，通过提前定殖＋适时补种可发挥持续驱避作用。种植罗勒、牛至可有效驱避烟粉虱等害虫。

3. **栖境植物** 储蓄涵养区域内天敌，如万寿菊维持天敌多样性、矮牵牛储蓄天敌等调控系统，可以降低害虫在豇豆区单一作物上扩散的概率，提升节肢动物多样性，降低生态系统内害虫短时暴发的风险。

4. **储蓄植物** 如种植玉米并利用玉米蚜涵养天敌，玉米蚜对豇豆无为害风险，通过预防性引入天敌，可以提高瓢虫种群定殖率20%，延迟害虫暴发高峰期7天，暴发峰值降低15%，同时形成隔离带，缓冲害虫扩散分布。或引入小麦-瓢虫储蓄植物系统，可使天敌种群减退率下降53%。

豇豆田中种植玛格丽特及释放东亚小花蝽

四、适用条件

适用于全国豇豆种植地区，依据当地情况，选择适宜本地环境的功能植物，以在农田等周围创造有利于天敌或传粉昆虫越冬、栖息及繁衍和转移扩散的生境，提升豇豆种植区的控害保益功能。

五、注意事项

生态调控技术主要用于提高种植区域内天敌种群的丰富度及多样性，需要提前因地制宜设计规划，在豇豆种植前布局功能植物种植，以最好地发挥功能植物的作用。同时，结合区域内情况，进行一定的天敌释放。在与化学农药防治同期使用时，需评估用药种类、数量及时间，确保田间天敌等有益种群增殖控害。

第三节　植物诱导免疫技术

植物诱导免疫技术是指植物在外界因子的诱导下，能抵抗某些病害，使自己免遭病害或者减轻病害的发生。植物诱导因子可分为物理因子、化学因子和生物因子三种类型。目前应用较多的植物免疫诱抗剂主要有蛋白类，如极细链格孢免疫诱导蛋白、大丽轮枝菌免疫诱导蛋白、稻瘟菌免疫诱导蛋白、侧孢短芽孢杆菌免疫诱导蛋白等；寡糖类，壳聚糖、壳寡糖、几丁寡糖、寡聚半乳糖醛酸、海藻酸寡糖、葡萄糖等；化学小分子类，如甲噻诱胺、毒氟磷等。其中已获得植物诱抗登记并投入使用的有S-诱抗素、氨基寡糖素、几丁聚糖、香菇多糖、低聚糖素等。

一、技术原理

通过提前施用植物免疫诱抗剂，激发作物自身的免疫反应，使作物获得系统抗性，从而起到抗逆、抗病虫和增产作用。

1. **抗病作用**　通过提高作物自身免疫力，促进植株健壮生长，减少生育期病害发生。

2. **抗逆作用**　通过提高作物抵御低温、高温干旱等逆境的能力，保障作物正常生长。

3. **改善品质作用**　通过提高果蔬类作物可溶性糖含量、维生素C含量，改善品质，减少畸形果，提高作物商品率。

4. **增产作用** 通过降低病害、逆境影响和为害，提高植物光合效率、促进植物器官分化和养分积累，从而提高作物产量。

5. **提高耐储藏性** 减少农产品储藏期病害的侵染，延长保鲜期。

二、技术措施

植物免疫诱抗剂的使用方式以叶面喷雾为主，也可以采用种子处理、沟施、灌根等方式。

1. **氨基寡糖素** 用于预防病害，于作物苗期、发病前或发病初期进行叶面喷雾，连续喷施3～4次，每次间隔5～7天。对于海南、广西、广东等冬春季种植的豇豆，在低温寒流来临前1～2天叶面喷雾，可显著提高豇豆抗寒能力。5%氨基寡糖素，每亩可喷雾60～100毫升用于豇豆上预防病害；3%氨基寡糖素，每亩可喷雾100毫升预防病毒病，或者600～1000倍液灌根预防枯萎病；2%氨基寡糖素，每亩可喷雾150～200毫升预防病毒病；1%氨基寡糖素，每亩可喷雾430～540毫升预防病毒病。

2. **香菇多糖** 用于预防豇豆病毒病，一般于病害初发期施药，7天施用1次，施用2～3次，2%香菇多糖亩用量为30～60毫升，1%香菇多糖亩用量100～120毫升，0.5%香菇多糖亩用量160～250毫升。

3. **几丁聚糖** 用于提高豇豆对病毒病、白粉病等的抗病能力，于发病前或发病初期，对叶片正反两面均匀喷雾，间隔7～10天，连续喷施2～3次。预防豇豆病毒病，2%几丁聚糖亩用量60～80毫升、0.5%几丁聚糖亩用量100～150毫升；预防豇豆白粉病，0.2%几丁聚糖亩用量300～600毫升。

4. **S-诱抗素** 用于促进豇豆协调生长，可在苗期、营养生长期、结荚期进行叶面喷雾，如5% S-诱抗素170～250倍液。

5. **低聚糖素** 用于提高豇豆对病毒病、白粉病等的抗病能力，于发病前或发病初期，对叶片正反两面均匀喷雾，如6%低聚糖素亩用量8～16毫升、0.4%低聚糖素亩用量120～250克。

三、技术实施效果

在豇豆苗期，如果遇到连续低温天气，豇豆生长受到抑制，氨基寡糖素能够诱导豇豆提高抗寒能力，植株寒害程度明显降低。氨基寡糖素在结荚期效果比初花期更明显，试验表明，氨基寡糖素使用后初花期能够提高开花率24%，而初荚期能够提高结荚数量50%，氨基寡糖素对豇豆锈病的防治效果达到45%。

氨基寡糖素田间试验示范

四、适宜条件

适用于华南地区冬、春季豇豆生产，及受到低温寒害和异常气候的影响导致豇豆生长异常的情况。也适用于其他需要提高植株抗性水平的豇豆种植区。

五、注意事项

植物免疫诱抗剂最好在病害、逆境发生前使用，以达到最佳效果。在与其他农药混用时，需预先进行小范围试验，确保与混用的农药之间无不良反应。

第四节　土壤消毒与微生态调控技术

豇豆连年种植地块土壤中存在大量的病原菌，同时也是豇豆主要害虫蓟马和斑潜蝇化蛹的场所，通过太阳能高温以及有机肥结合腐熟菌剂进行土壤消毒处理，可以减少土壤中病原菌、病原线虫以及害虫卵、蛹等病虫源，同时可以减轻设施内土壤次生盐渍化和板结问题。

一、技术原理

利用春末夏初晴好天气较多、太阳照射较强，通过密闭棚室蓄积热能，同时施用未腐熟有机肥结合腐熟菌剂快速发酵，大水压盐，覆盖塑料膜使土壤内温度不断上升，20厘米土层温度达到60℃以上，或结合氰氨化钙进行闷棚处理，解决作物的重茬问题，有效防治根结线虫病、枯萎病、根腐病等病虫草害，显著提高豇豆的产量和品质。

二、技术措施

1. **生物发酵＋太阳能高温闷棚处理**　每亩施用羊粪20米^3、牛粪等未腐熟有机肥20米^3，撒施腐熟菌剂5千克，然后旋耕；使用大水灌溉，达到设施内土壤含水量饱和；整体覆膜后压实封闭接口；关闭棚室所有通风口和门窗，连续密闭闷棚20～30天，根据天气状况决定闷棚时间长短，其中至少有累计15天的晴热天气；闷棚后揭膜、晾晒7～10天，再使用枯草芽孢杆菌、木霉菌等微

①施用未腐熟有机肥+腐熟菌剂

②灌水

③覆膜

生物闷棚过程

生物菌剂处理，准备种植。

2. 石灰氮＋高温闷棚处理 在4—10月（防治根结线虫，需在7—8月）选择3～4天连续晴天时进行。将石灰氮（氰氨化钙）、有机肥或秸秆依次均匀撒施于土壤表面，防治根结线虫每亩需撒施麦秸800～1 000千克；翻耕20厘米（防治根结线虫要求30厘米），使药剂与土壤、有机肥或秸秆等混合均匀；起高垄30厘米、宽60～80厘米，并覆盖塑料膜；浇水到距垄肩5厘米，保持土壤田间相对持水量70%以上；密闭闷棚7～10天后揭膜，松土降温1～2天后即可定植。使用氰氨化钙等药剂进行土壤消毒的地块，需在消毒结束后、揭膜晾晒10天以上，才能进行种植，否则容易烧苗。

三、技术实施效果

通过土壤消毒＋微生物修复，可以改善土壤环境，大大降低种植地土传病原微生物镰孢菌、疫霉菌、线虫的数量，处理效果理想地块土壤线虫数量可减少87.0%，土壤疫霉菌群落数量可减少89.0%，土壤镰刀菌群落数量可减少90.6%，土壤腐霉菌群落数量可减少82.8%，对土传病害的防治效果可达75%以上。石灰氮也

整地施药　　　　　　　　　　旋耕均匀

密闭消毒　　　　　　　　　　铺膜灌水

氰氨化钙土壤消毒技术流程

可作为缓释氮肥、高效长效钙肥，可促进有机物腐熟，提高土壤肥力，改良土壤，提升作物品质等。

四、注意事项

在进行土壤消毒过程中，需及时在已密封的棚室门窗等位置，张贴醒目的作业警示单，并在警示单上标注禁止人员进入的准确起止时间。使用木霉菌或绿僵菌等生物菌剂进行土壤处理，如田间湿度过低，可通过喷水加大湿度，提高生物菌剂应用效果。

第五节　物理防控技术

物理防控是利用简单工具和各种物理因素，如光、热、电、温度、湿度和放射能、声波等防治病虫害的措施。根据害虫发生的种类和特点，在豇豆上主要采取防虫网、杀虫灯、双色地膜、色板等技术措施。

一、技术原理

1. 防虫网　针对不同靶标害虫的虫体大小，选择不同目数的防虫网，覆盖在设施大棚通风口或棚架上，构建人工隔离屏障，将害虫拒之网外，可有效控制各类害虫，如蓟马、菜青虫、菜螟、小菜蛾、蚜虫、跳甲、甜菜夜蛾、美洲斑潜蝇、斜纹夜蛾等。

2. 双色地膜　在田间覆盖银黑或银灰双色地膜，银色朝上驱避蓟马、蚜虫等害虫，防止蓟马、斑潜蝇等落土化蛹或阻止土中害虫蛹羽化，黑色或灰色朝下防治杂草，地膜还具有防除杂草、保温增温、保水防涝、保肥增效、保持土壤疏松、增产增收等作用，同时也具有节水、省工、降低成本、促进早熟的作用。

3. 色板　利用蓟马、斑潜蝇对蓝色以及信息物质的趋性，采用蓝色诱虫板对蓟马、斑潜蝇进行诱杀。

4. 杀虫灯　根据昆虫的趋光性，利用昆虫敏感的特定光谱范围光源进行诱杀，减少雌虫有效产卵量，从而降低虫口基数。根据特定靶标在夜晚活动时间来确定开灯的时间。

二、技术措施

1. 防虫网阻隔

（1）**选择防虫网规格**。孔径：对于蓟马、斑潜蝇等靶标害虫体型较小（豆大蓟马成虫体长1.40～1.60毫米、体宽0.48～0.69毫米，美洲斑潜蝇成虫体长1.30～1.80毫米、体宽0.72～0.75毫米），要有效阻隔豆大蓟马和斑潜蝇，需选择40～60目，筛孔尺寸0.26～0.48毫米的标准防虫网。颜色：豇豆种植一般使用白色或无色透明的防虫网，对于紫外线强烈的地区可采用绿色防虫网。强度：防虫网的强度与所用材料、编制方法和孔眼大小有关，金属网的强度要高于其他材料制成的防虫网。防虫网应具有一定的抗风能力，豇豆种植一般选用由聚乙烯编制而成的防虫网。

幅宽：防虫网的幅宽一般为1.0～3.6米，具体根据大棚或地块的大小，由供应商和使用者双方商定。丝径：防虫网的丝径一般在0.16～0.18毫米之间，径丝宜选用熟丝。

（2）**选择覆盖方式**。全覆盖：大中型钢架大棚顶部和四周宜分为2个独立部分防虫网进行全封闭覆盖；小型简易大棚顶部和四周使用防虫网连成整体进行全封闭覆盖。防虫网落地四周预留适宜长度用土、石块压严盖实，紧贴地面不留缝隙。

全覆盖式防虫网

局部覆盖：设施温室或大棚，在通风口、进出口处铺盖或设置防虫网，注意防虫网与塑料大棚棚膜的衔接紧密，进出口处应设置双层纱门。

通风口设置防虫网

2. 双色地膜阻隔

（1）**作畦覆膜**。单畦双行种植，畦高20～30厘米，畦宽80～90厘米，沟宽40～50厘米，畦面呈龟背状。作畦后，采用膜下滴灌种植的，先在畦面中间设置滴灌设施，再采取人工或者机械覆膜，用110～120厘米的银黑或银灰双色地膜覆盖在畦面上，地膜要紧贴土面，四周要用土块封严盖实，尽量避免地膜破损。地膜选用银黑或银灰双色地膜，银色朝上，黑色或灰色朝下，优先选用可降解地膜，地膜厚度0.01毫米左右。覆盖地膜后，在种植前使用地膜打孔器进行打孔，孔径为4～5厘米。

（2）**覆膜时间**。南方地区如遇雨季，应延迟覆膜，避免覆膜后畦内水分蒸发过慢，导致苗期沤根或加重苗期猝倒病的发生。尽可能选择畦面土壤湿度60％～70％，且晴朗无风的天气进行覆膜。

覆膜打孔+膜下滴灌

3. 色板诱杀害虫

（1）**田间悬挂色板**。通常在豇豆苗期悬挂色板。悬挂蓝板防治蓟马，悬挂黄板防治斑潜蝇、蚜虫、粉虱。色板苗期高出植株顶部15～20厘米，根据豇豆生长期调整高度，生长中后期悬挂在植株中上部。每亩悬挂20～25片色板，均匀悬挂在防治区域。

黄板、蓝板诱杀害虫

（2）**添加信息素诱剂**。色板可以与信息素诱剂结合使用以提高防治效果。如蓟马蓝板配套信息素诱芯使用时，可将信息素喷涂到蓝板上，或者将装有信息素的缓释小瓶放置于蓝板上。

蓝板+信息素诱杀蓟马

（3）**色板更换**。田间色板粘满害虫时应及时进行更换。蓟马诱芯持效期为45天，通常其配套蓝板粘满即可更换，或待蓟马诱芯持效期满后再进行更换。虫口基数较大时需根据诱虫情况及时更新，并配合用药剂防治。

4.灯光诱杀害虫

（1）**田间安置杀虫灯**。在露地豇豆连片种植地块，每20～30亩均匀设置1盏杀虫灯，于成虫发生期开始诱杀斜纹夜蛾、甜菜夜蛾等害虫。根据害虫夜间趋光习性，一般在黄昏时开灯，清晨关灯。

（2）**杀虫灯维护**。定期清洁杀虫灯和高压电网或风扇，清除附着的昆虫残留物和

露地安置杀虫灯诱杀鳞翅目害虫

灰尘，确保其正常工作。清理前务必先关闭电源，确保安全操作，定期检查电池的充电状态和连接情况。在操作时避免直接接触高压部分，以免发生意外触电。

三、技术实施效果

1.**降低虫口基数**　利用防虫网、色板、地膜以及杀虫灯等物理防控措施，可以有效降低田间的虫口基数，减少化学农药使用次数，降低农药残留风险，保护生态环境。

2.**调控微环境**　覆盖地膜可以改善土壤环境条件，提高土壤温度，在低温寒流期间减少寒害，且覆膜后对杂草有明显控制作用。覆盖防虫网也会引起网内的田间小气候发生一定改变，如提高网内的温湿度，导致病虫害发生变化，同时也影响豇豆的生长，若温湿度适宜则促进生长，否则抑制豇豆生长。

3.**效果直观**　色板、杀虫灯等物理诱杀技术，田间设置便捷，诱虫效果直观，便于使用者及时判断虫情。

四、注意事项

1.**防虫网使用**　应选用适宜的防虫网目数，目数过高会影响通风透气，目数过低不能阻隔害虫。同一个棚内的作物最好同种

同收，以防止害虫在不同作物之间迁移。整个生育期保持网棚全封闭管理，进出网棚工作要及时封闭。大风、老化等常会造成的防虫网掀开、破洞，应及时修补。

2.色板使用 推荐在设施种植、"防虫网＋"等棚室条件下使用色板，对豇豆蓟马、斑潜蝇进行监测与防治，露天种植条件下以监测为主。由于蓟马活动能力弱，且一旦发生基数迅速上升，色板的诱杀效果有限，还需配合其他防治措施进行防治。

3.地膜使用 地膜覆盖适宜保护地和露地豇豆种植，尤其是对于水源紧缺、杂草滋长、土质偏沙、温度偏低的地方，更应该实施地膜覆盖栽培。若覆膜地块需安装喷灌，应将喷袋安装于工作沟中间，避免膜下安装，若水流过大，长期冲刷畦面土壤，将导致畦面下降，雨季易造成沤根。

4.杀虫灯使用 应选择在连片作物种植地块使用杀虫灯，一般连片面积在50亩以上，面积过小达不到防控害虫的效果。太阳能杀虫灯在阴雨天气或光照不足时效果受到限制，可能导致电池充电不足，影响工作效率。

第六节　性信息素诱控技术

性信息素诱控是利用性信息素对性成熟雌、雄成虫的交配行为进行调控，从而达到防治害虫的目的。在豇豆上主要针对鳞翅目害虫应用群集诱杀、迷向干扰交配等技术。

一、技术原理

群集诱杀是利用性信息素引诱斜纹夜蛾、甜菜夜蛾、豇豆荚螟的雄成虫，进入诱捕器且无法逃逸，诱芯为PVC毛细管诱芯或固体凝胶诱芯。

迷向干扰交配是在田间设置高剂量性信息素释放源，形成高浓度的性信息素环境，使得雄蛾不能顺利找到配偶，或雄蛾不能识别同种配偶，或迷路、屏蔽自然雌蛾，甚至丧失交配动机，从而降低或延后交配、不产卵、卵孵化率低，从而达到控害目的。对于豇豆荚螟、斜纹夜蛾、甜菜夜蛾等害虫，该技术可以控制单一害虫，也可以多靶标控制。释放器有主动型智能化喷射释放器和被动型迷向管（丝）释放器。

二、技术措施

1. 田间布设诱捕器或交配干扰释放器

（1）**群集诱杀诱捕器**。豇豆出苗前或成虫羽化之前安装诱捕器，甜菜夜蛾、斜纹夜蛾诱捕器为夜蛾诱捕器、新型飞蛾诱捕器，豇豆荚螟诱捕器为三角型或翅膀型黏胶诱捕器。一个诱捕器安装1枚诱芯。诱捕器设置高度根据豇豆生长期调整，苗期高出植株顶部15～20厘米，生长中后期高出地面1～1.5米，每亩安置1个诱捕器。若连片防控面积大，可以相应减少诱捕器密度，如1.5～3亩一个诱捕器。诱捕器"里疏外密"，即在防控区外围密一些，里面疏一些。

夜蛾诱捕器诱杀甜菜夜蛾、斜纹夜蛾

新型飞蛾诱捕器诱杀豇豆荚螟　　　　翅膀型黏胶诱捕器诱杀豇豆荚螟

（2）**交配干扰释放器**。出苗前或成虫羽化之前安装交配干扰释放器。设置高度一般在豇豆结豆荚的高度范围内。每3～5亩安装一个智能释放器，每罐性信息素液体可以喷射2.5万～3万次，持效期6个月以上。每亩安装30～50枚迷向管（丝），持效期6个月以上。

迷向管交配干扰释放器　　　　　　　智能喷射交配干扰释放器

三、技术实施效果

1. 环保兼容性强　性信息素具有害虫种的专一性，不伤害自然天敌，同时由于减少化学农药使用，对自然天敌也起到保护作用。应用场景不受作物和地理生境的影响。可与其他任何防控技术同时使用，如与化学农药协同使用，大大提高害虫防控效果。

2.智能释放控害效率高　智能干扰释放器依据蛾类害虫的求偶和交配节律设置喷射时间，喷射纳米级颗粒的气味团（气溶胶），在田间扩散范围和空间大，喷射量不受环境温度和风速的影响，可以同时对豇豆荚螟、斜纹夜蛾、甜菜夜蛾等鳞翅目害虫进行防控，干扰交配的防效明显高于群集诱杀效果。

四、注意事项

群集诱杀或交配干扰技术适宜在连片种植的露地或者设施豇豆上使用。如果豇豆连片种植面积小，防控难以达到理想效果。性信息素诱剂要保存在冰箱冷藏区，诱芯不能与其他种类的诱芯混合安装。

第七节　天敌昆虫应用技术

在构建天敌昆虫植物支持系统的基础上，针对为害豇豆的蓟马、粉虱、蚜虫等害虫，可释放小花蝽、捕食螨、丽蚜小蜂、瓢虫、食蚜瘿蚊等人工化生产的天敌昆虫进行防治。

一、技术原理

生物天敌以食性和习性分为寄生性天敌和捕食性天敌两类。寄生性天敌是通过将卵产在害虫的卵、幼虫、蛹或成虫体内，完成自身发育，杀死害虫，从而控制害虫种群数量；捕食性天敌主要是直接取食害虫的卵、幼虫或成虫，从而起到控制害虫的作用。目前用于豇豆害虫防控的天敌种类包括捕食蝽类（东亚小花蝽、南方小花蝽、明小花蝽、微小花蝽、烟盲蝽等）、寄生蜂类（丽蚜小蜂、蚜茧蜂等）、瓢虫类（异色瓢虫、龟纹瓢虫、七星瓢虫、多异瓢虫等）、捕食螨类（智利小植绥螨、加州新小绥螨、巴氏新小绥螨、胡瓜新小绥螨等）、草蛉类、食蚜蝇类等。

二、技术措施

1. 防治蓟马

（1）**释放小花蝽**。预防蓟马发生时，按照0.5头/米²的数量释放，14天后再释放一次；蓟马发生较轻时，按照1～2头/米²的密度释放，7天后再释放一次，一般在作物的整个生长季节内，释放2～3次。可采用撒施法或悬挂法释放，将瓶装产品连同培养料一起直接撒施于作物顶部叶片或花上，2天内不进行灌溉，以利于散落在地面的小花蝽转移到植株上，或将袋装释放器悬挂于植株的茎、叶柄上，避免阳光直射和雨水灌入袋内。

小花蝽若虫捕食蓟马

豇豆上的小花蝽成虫

（2）**释放捕食螨**。可选择剑毛帕厉螨与巴氏新小绥螨或胡瓜新小绥螨立体混合释放。预防性释放，按照100～200头/米²，每2周释放一次，一般释放2～3次。当蓟马种群密度平均达2～5头/叶时，可按照300～500头/米²释放，每1～2周释放一次，释放3～5次。

2. 防治叶螨
预防性释放，可选用加州新小绥螨、巴氏新小绥螨、胡瓜新小绥螨等，按照100～200头/米²，每2周释放一次，释放2～3次；当叶螨密度达到2～5头/叶时，可按照5～10头/米²释放智利小植绥螨。点片发生时，中心株按照30头/米²释放加州新小绥螨、巴氏新小绥螨、胡瓜新小绥螨中的一种，每周释放一次，连续释放3～5次。释放时可采用挂袋法或撒施法，

田间释放捕食螨

将捕食螨包装袋剪开后，悬挂于豇豆的叶柄上，避免阳光直射和雨水灌入，也可将袋装或瓶装捕食螨连同培养料一起均匀撒施于植物叶片上，2天内不要进行灌溉，以利于散落在地面的捕食螨转移到植株上。

田间释放捕食螨

巴氏新小绥螨捕食叶螨

3. 防治粉虱

（1）**释放丽蚜小蜂**。单株粉虱虫量0.5～1头开始释放，按照1.5～6头/米²的数量释放丽蚜小蜂，隔7～10天释放一次，连续释放3～4次。丽蚜小蜂与粉虱数量比达1：（30～50）时，可以停止放蜂。释放时，将丽蚜小蜂的卵卡悬挂在植株中上部的分枝上，注意用叶片遮挡，避免阳光直射。

（2）**释放烟盲蝽**。根据粉虱发生情况，按照1～2头/米²释放烟盲蝽，间隔1周释放1次，连续释放3次。一般释放三至五龄若虫或成虫，释放时，将成虫或若虫连同介质一同均匀撒在粉虱为害的枝叶上，或将装有烟盲蝽的释放器悬挂在枝叶上。

丽蚜小蜂蜂卡

烟盲蝽捕食粉虱若虫

4. 防治蚜虫

（1）**释放瓢虫**。预防性释放，按照每400米²50～100卡（1 000～2 000粒卵）将瓢虫卵卡均匀悬挂于田间；防治性释放，根据蚜虫发生量选择释放卵卡、幼虫或成虫，益害比为1:（20～30），或按照5～10头/米²，在蚜虫发生"中心株"进行重点释放，将卵卡悬挂在蚜虫为害部位附近，或将成虫或幼虫连同介质一同轻轻取出，均匀撒在蚜虫为害严重部位。隔7天释放一次，连续释放3次。

瓢虫卵块

异色瓢虫成虫取食蚜虫

（2）**释放草蛉**。保护地可按照益害比1:20悬挂草蛉卵卡，或按照1～2头/米²释放幼虫，间隔5～7天释放一次，连续释放3

次。露地可按照100 ～ 300粒卵/亩悬挂，间隔10 ～ 14天再补充释放一次。释放时，将卵卡悬挂在蚜虫为害部位附近，或将释放瓶打开，将幼虫连同介质均匀撒在蚜虫为害部位。

（3）**释放食蚜瘿蚊**。蚜虫发生初期，每亩释放食蚜瘿蚊蛹200 ～ 300头，7 ～ 10天释放一次，连续释放3 ～ 4次，或按照益害比1：20释放成虫。释放时将蛹放入释放器中，悬挂在蚜虫为害部位附近，悬挂位置应避免阳光直射。

食蚜瘿蚊

（4）**释放蚜茧蜂**。蚜虫发生时，每亩释放蚜茧蜂800 ～ 1 000头，7 ～ 10天释放一次，释放2 ～ 3次，或按照益害比1：50左右释放。释放时，将蜂卡/蜂盒悬挂于叶柄，或将载有僵蚜的载体植物系统放置于田间。

僵蚜

蚜茧蜂成虫

三、技术优势

1.具有防治的系统性、持久性 利用自然界中生物多样性及其之间相互制约的关系，人工助迁或释放天敌，从而调节农田内有益生物和害虫的种群密度，建立相对稳定的生态体系。天敌为完成正常的生长发育，需要连续取食害虫，不仅能抑制当代或者当季害虫，对下一代害虫也能起到持续控制作用。因此相对于传统的化学防治，天敌防治更系统、更持久。

2. 具有环境友好性　保护和释放天敌控制有害生物更加注重自然生态系统的恢复和平衡，在害虫治理过程中可有效减少化学农药使用，对环境以及土壤不产生负面影响，具有无污染、低风险、保护环境等优点。

四、注意事项

1. 释放天敌前后避免使用化学农药　天敌对化学杀虫杀螨剂均比较敏感，建议在使用天敌前后15天内避免使用杀虫杀螨剂。如需防治其他病虫害，应选择对已释放天敌相对安全的药剂，如绿僵菌、白僵菌、苏云金杆菌、核型多角体病毒等微生物农药，以及苦参碱、藜芦根茎提取物、印楝素、鱼藤酮、除虫菊素、矿物油等植物源和矿物源农药，或者多杀霉素等生物制剂。

2. 选择适宜的施放时间　释放天敌时尽量选择在早晨或者傍晚进行，天气晴朗、气温超过30℃时应选择傍晚释放，多云或阴天可全天释放。禁止将天敌直接撒于地面，释放后3天内应减少农事操作，有利于天敌在田间定殖。

3. 提供便利的天敌储运条件　天敌属于活体商品，不耐储存，建议及时使用，确需储存时，应置于15～20℃的阴凉防雨处。搬运或释放时轻拿轻放，以免对天敌造成人为伤害。释放时禁止将包装盒置于地面，以防蚁类侵害和人为操作造成损失。

第八节　微生物农药应用技术

微生物农药是指以细菌、真菌、病毒和原生动物或基因修饰的微生物等活体为有效成分的农药，一般是通过生物培养方法增殖得到的大量活体。豇豆上登记的微生物农药包括金龟子绿僵菌、甜菜夜蛾核型多角体病毒、苏云金杆菌等。此外，木霉菌、枯草芽孢杆菌、解淀粉芽孢杆菌、多黏类芽孢杆菌、蜡质芽孢杆菌、白僵菌、短稳杆菌等微生物农药也在生产实践中表现出良好的防治效果。

一、技术原理

微生物农药应用原则应以预防为主，优先选择广谱微生物农药，配合使用不同作用机制的微生物农药，也可以与兼容的化学农药联合使用。对于预防性防治，种植前，可结合整地撒施白僵菌、绿僵菌、木霉菌等生防菌颗粒剂防治蓟马等地下虫态；苗期，采用木霉菌、枯草芽孢杆菌、多黏类芽孢杆菌等微生物菌剂灌根预防根腐病、枯萎病等土传病害；生长期，采用绿僵菌、枯草芽孢杆菌、木霉菌、多黏类芽孢杆菌等生防菌剂进行喷施，防治蓟马、炭疽病、角斑病等豇豆主要病虫害。

二、技术措施

1. 定植前　以根腐病、枯萎病等土传病害以及蓟马、斑潜蝇等害虫的地下虫态（老熟幼虫、蛹等）为防治对象。每亩采用金龟子绿僵菌CQMa421颗粒剂5～10千克兑细土均匀撒施后打湿垄面，每亩采用木霉菌或枯草芽孢杆菌等微生物菌剂5千克撒施后旋耕混匀，或随定植水冲施。

微生物菌剂颗粒剂跟种子一起撒施

2. 幼苗期　以蓟马、粉虱、斑潜蝇、蚜虫、叶螨、立枯病等常发性病虫害为主要防治对象，兼顾甜菜夜蛾、斜纹夜蛾等偶发性病虫害。苗期开始，可连续喷施2～3次金龟子绿僵菌CQMa421或金龟子绿僵菌CQMa421+球孢白僵菌ZJU435+哈茨木霉菌，或绿僵菌+除虫菊素+苦参碱，或绿僵菌+双丙环虫酯+枯草芽孢杆菌。若防治甜菜夜蛾，可增加甜菜夜蛾核型多角体病毒。若与化学农药配合，可减少化学农药用量。

微生物菌剂处理后豇豆苗长势旺

微生物菌剂预防豇豆枯萎病

3. 抽蔓期　以蓟马、粉虱、斑潜蝇、蚜虫、叶螨、炭疽病、锈病、疫病等为主要防治对象，兼顾甜菜夜蛾、斜纹夜蛾等。采用绿僵菌+苦参碱+香芹酚，或绿僵菌+双丙环虫酯+枯草芽孢杆菌。若需防治甜菜夜蛾，可增加甜菜夜蛾核型多角体病毒。若与化学农药配合使用，可采用绿僵菌+甲维盐+戊唑醇，或绿僵菌+溴氰虫酰胺+腈菌唑，或绿僵菌+啶虫脒+腈菌唑。

4. 开花结荚期　以蓟马、粉虱、豇豆荚螟、斑潜蝇、叶螨、炭疽病、锈病、疫病、枯萎病等为主要防治对象，兼顾甜菜夜蛾、斜纹夜蛾等。采用绿僵菌+印楝素+香芹酚，或绿僵菌+除虫菊素+多黏类芽孢杆菌。若需防治甜菜夜蛾，可增加甜菜夜蛾核型多角体病毒。若与化学农药配合使用，可采用绿僵菌+甲维盐+腈菌唑，或绿僵菌+乙基多杀菌素+腈菌唑，或绿僵菌+溴氰虫酰胺+腈菌唑。花期防治蓟马，加入蓟马引诱剂配合诱杀。

三、技术实施效果

1. 综合防效提高　应用微生物农药，可以提高豇豆蓟马等害虫的防治效果，大大减少化学农药用量。2019年广西北海市合浦县垌心村示范采用2~3种农药配合施用，而农民自防区采用4种农药、6种有效成分配合施用（表3-1），经调查，绿僵菌＋苦参碱＋甲维盐组合防治效果最好，施药后3天、7天的防效为67.49%、48.05%，均高于农户自防区（甲维盐＋阿维·辛硫磷＋阿维·多杀霉素＋灭胺·杀虫单），表现出较好的速效性、持效性。其次，绿僵菌＋苦参碱＋乙基多杀菌素、绿僵菌＋苦参碱的防效较好，施药后3天的防效与农户自防区相当或稍低，但施药后7天的防效显著高于农户自防区（表3-2）。在提高豇豆蓟马防治效果的同时，使用微生物农药可以减少化学农药用量30%~50%。

表3-1 防治豇豆蓟马不同农药处理方案

处理	药剂处理	亩用药量（兑水45升）
1	绿僵菌＋苦参碱＋甲维盐	60毫升＋120毫升＋60克
2	绿僵菌＋苦参碱＋虫螨腈	60毫升＋120毫升＋60毫升
3	绿僵菌＋苦参碱＋乙基多杀菌素	60毫升＋120毫升＋60毫升
4	绿僵菌＋苦参碱＋呋虫胺	60毫升＋120毫升＋60克
5	绿僵菌＋乙基多杀菌素	90毫升＋60毫升
6	绿僵菌＋苦参碱	90毫升＋150毫升
7	农户自防用药：甲维盐＋阿维·辛硫磷＋阿维·多杀霉素＋灭胺·杀虫单	150毫升＋105毫升＋75毫升＋45克
8	CK（空白）	无

表3-2 不同农药处理方案虫口减退率和防治效果

处理	药后3天		药后7天	
	虫口减退率（%）	防治效果（%）	虫口减退率（%）	防治效果（%）
1	79.26	67.49	44.58	48.05
2	73.05	57.76	35.11	39.16

（续）

处理	药后3天		药后7天	
	虫口减退率（%）	防治效果（%）	虫口减退率（%）	防治效果（%）
3	73.89	59.08	49.26	52.43
4	72.22	56.47	28.28	32.77
5	64.75	44.76	41.39	45.06
6	65.40	45.77	48.29	51.52
7	76.67	63.43	34.76	38.84
8	36.19	0.00	-6.67	0.00

2.**持效性好** 连续多次施用微生物农药后，防治害虫的持续效果较好，可逐步延长施药间隔期，减少化学农药用量，节省人工投入。尤其是与化学农药配合使用，显示出优越的速效性与持效性。

3.**兼治多种害虫** 绿僵菌、枯草芽孢杆菌等微生物农药具有广谱防治病虫作用，除叶螨外，对其他靶标病虫害也有一定的防控效果。

4.**符合安全间隔期要求** 化学农药需要满足豇豆采摘期的安全间隔期要求才能使用，生产上符合要求的化学农药非常少，而微生物农药则具有安全性好、对天敌昆虫影响较小、环境友好的优势。

四、注意事项

1.**选择施药时间** 微生物农药应在阴天或傍晚时施用，晴天16:00以后施用，避开高温和强光照时段。防治蓟马应在花朵闭合前（9:00前）施药。

2.**正确配药** 微生物农药作为活体产品，与其他农药配合使用时，应先在药桶中稀释好其他农药，再把稀释后的微生物农药倒入药桶。例如，稀释绿僵菌421油悬浮剂，先打开瓶盖，向瓶中

加入稀释助剂，然后，再向瓶中加适量水，再盖紧瓶盖上下摇动
5～6次后，方可倒入药桶中进行二次稀释。

第九节　科学用药技术

针对靶标病虫害，科学选用豇豆上登记的药剂，采取种子处理、土壤消毒、棚室消毒以及生长期喷施等方式进行合理用药。轮换使用内吸性、速效性和持效性等不同作用方式和机制的药剂。每种药剂按农药标签规定控制使用次数。严格遵守农药安全间隔期。开花结荚期是防治蓟马、豇豆荚螟的关键时期，施药时间以花瓣张开且蓟马较为活跃的时间段为宜，注意周边的杂草、地面、植株上下部以及叶片正反面都要均匀施药。

一、技术原理

按照"预防为主，压前控后"原则，种植前，对棚室内壁和地面存有的蓟马、斑潜蝇等害虫卵、蛹以及病原菌，施用广谱性杀虫、杀菌剂进行全面消毒，有效地压低棚室内有害生物种群数量，从源头上控制病虫害，减轻生产期病虫害防治压力；生长期，前期采用持效期长的高效农药尽可能压低病虫基数，减轻采摘期防治压力；采摘期，优先采用生物农药及安全间隔期短的化学农药。

二、技术措施

1. **棚室消毒**　施药消毒前，清理干净棚室内的植株残体和杂草等杂物，用30～40目的防虫网封闭棚室的通风口和门口。药剂可选用广谱杀虫剂和杀菌剂，每亩可选29%吡萘·嘧菌酯悬浮剂45～60毫升、43%氟菌·肟菌酯悬浮剂20～30毫升、60%唑醚·锰锌水分散粒剂80～100克、200克/升氟酰羟·苯甲唑悬浮剂30～60毫升等；每亩可选用兼治螨类的22%螺虫·噻虫啉悬浮剂30～40毫升、14%氯虫·高氯氟微囊悬浮-悬浮剂15～20毫

升、30%虫螨·噻虫嗪悬浮剂
30～40毫升等杀虫杀螨剂。
施药药械可采用电动喷雾器或
弥雾机。喷雾时均匀覆盖整个
棚室内表面和土壤表面。消
毒后，用棚膜保持棚室密闭
1～3天，保证消毒效果。

烟雾机施药消毒

2. 生长期用药

（1）防治蓟马。

①推荐药剂。

a.苗期：噻虫嗪、啶虫脒、甲氨基阿维菌素苯甲酸盐、甲维·氟虫酰、虫螨·噻虫嗪、氟啶·噻虫嗪、多杀素·甲维、吡虫啉·虫螨腈等。

b.结荚期：苦参提取物、多杀霉素、苦参碱、螨腈·唑虫酰胺、溴氰虫酰胺、螺虫乙酯、金龟子绿僵菌、螺虫·噻虫啉、乙基多杀菌素等。

②药剂使用方法。药剂使用方法见表3-3。

表3-3　防治蓟马药剂使用方法

药剂名称	施药时间	每亩用量	施药方式	安全间隔期（天）
25%噻虫嗪水分散粒剂	蓟马若虫发生初期	15～20克	喷雾	3
5%啶虫脒乳油	苗期蓟马零星发生期、株虫口达3～5头	30～40毫升	喷雾	3
5%甲氨基阿维菌素苯甲酸盐微乳剂	蓟马若虫发生始盛期	18～24毫升	喷雾	5
30%虫螨腈·唑虫酰胺悬浮剂	蓟马若虫发生初期	20～30毫升	喷雾	3
20%虫螨腈·唑虫酰胺微乳剂	蓟马发生始盛期	40～50毫升	喷雾	7

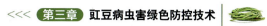

（续）

药剂名称	施药时间	每亩用量	施药方式	安全间隔期（天）
60克/升乙基多杀菌素悬浮剂	蓟马若虫发生初期	40～50毫升	喷雾	3
10%溴氰虫酰胺可分散油悬浮剂	豇豆始花期	33.3～40毫升	喷雾	3
11.8%甲维·氟虫酰微乳剂	蓟马若虫发生始盛期施药1次	15～25毫升	喷雾	7
30%虫螨·噻虫嗪悬浮剂	蓟马低龄若虫发生期	10～20毫升	喷雾	5
22.4%螺虫乙酯悬浮剂	蓟马若虫发生初期	25～30毫升	喷雾	7
50%螺虫乙酯悬浮剂	蓟马若虫发生初期	11～13毫升	喷雾	7
40%螺虫乙酯悬浮剂	蓟马若虫发生初期	14～16毫升	喷雾	7
30%螺虫乙酯悬浮剂	蓟马若虫发生初期	20～22毫升	喷雾	7
40%氟啶·噻虫嗪悬浮剂	蓟马低龄若虫高峰期施药1次	8～10毫升	喷雾	5
22%螺虫·噻虫啉悬浮剂	蓟马发生始盛期施药1次，若发生严重，7天后施第2次	30～40毫升	喷雾	3
45%吡虫啉·虫螨腈悬浮剂	蓟马发生初期	15～20毫升	喷雾	5
9.5%多杀素·甲维微乳剂	蓟马若虫发生初期施药1次	4～6毫升	喷雾	3
20%多杀霉素悬浮剂	蓟马若虫发生初期施药1次	6～7毫升	喷雾	5

（续）

药剂名称	施药时间	每亩用量	施药方式	安全间隔期（天）
1.5%苦参提取物可溶液剂	蓟马若虫发生初期连续喷雾施药2次，间隔5天	30～40毫升	喷雾	—
1%苦参碱可溶液剂	蓟马若虫发生初期连续喷雾施药2次，间隔5天	45～60毫升	喷雾	5
100亿孢子/克金龟子绿僵菌油悬浮剂	蓟马低龄若虫始盛期至盛发期	25～35克	喷雾	—

（2）防治斑潜蝇。

①推荐药剂。

a.苗期：高效氯氰菊酯等。

b.结荚期：乙基多杀菌素、溴氰虫酰胺等。

②药剂使用方法。药剂使用方法见表3-4。

表3-4　防治斑潜蝇药剂使用方法

药剂名称	施药时间	每亩用量	施药方式	安全间隔期（天）
10%溴氰虫酰胺可分散油悬浮剂	始花期、斑潜蝇低龄幼虫发生初期（虫道始现时）	14～18毫升	喷雾	3
60克/升乙基多杀菌素悬浮剂	斑潜蝇幼虫1毫米左右或叶片受害率10%～20%时	50～58毫升	喷雾	3
4.5%高效氯氰菊酯乳油	斑潜蝇发生初期施药1次	28～33毫升	喷雾	3

（3）防治豇豆荚螟。

①推荐药剂。

a.始花期：二嗪磷、氯虫苯·高氟氯、氯虫苯甲酰胺、乙基多杀菌素等。

b.采摘期：茚虫威、高效氯氰菊酯、苏云金杆菌、溴氰虫酰胺等。

②药剂使用方法。药剂使用方法见表3-5。

表3-5 防治豇豆荚螟药剂使用方法

药剂名称	施药时间	每亩用量	施药方式	安全间隔期（天）
30%茚虫威水分散粒剂	幼虫孵化初期施药1次	6～9克	喷雾	3
5%甲氨基阿维菌素苯甲酸盐微乳剂	卵孵化高峰期施药1次	3.5～4.5毫升	喷雾	3
4.5%高效氯氰菊酯乳油	卵孵化高峰期施药1次	30～40毫升	喷雾	3
32000国际单位/毫克苏云金杆菌可湿性粉剂	幼虫孵化初期	75～100克	喷雾	—
50%二嗪磷乳油	卵孵高峰至低龄幼虫期施药1次	50～75毫升	喷雾	5
14%氯虫苯·高氯氟微囊悬浮-悬浮剂	成虫产卵高峰期（豇豆始花期）喷雾施药1次，隔7天再施药1次	10～20毫升	喷雾	2
10%溴氰虫酰胺可分散油悬浮剂	始花期害虫初现时	14～18毫升	喷雾	3
25%乙基多杀菌素水分散粒剂	为害初期连续施药2次，初花期施药1次，盛花期施药1次，间隔7～10天	12～14克	喷雾	7
5%氯虫苯甲酰胺悬浮剂	成虫产卵高峰期（豇豆始花期）施药1次，若发生严重可于7～10天后再施药1次	30～60毫升	喷雾	5

(4) 防治蚜虫。

①推荐药剂。溴氰虫酰胺、双丙环虫酯、苦参碱、除虫菊素、阿维·氟啶等。

②药剂使用方法。药剂使用方法见表3-6。

表3-6 防治蚜虫药剂使用方法

药剂名称	施药时间	每亩用量	施药方式	安全间隔期（天）
10%溴氰虫酰胺可分散油悬浮剂	蚜虫低龄幼虫期	33.3～40毫升	喷雾	3
50克/升双丙环虫酯可分散液剂	蚜虫发生初期	10～16毫升	喷雾	3
1.5%苦参碱可溶液剂	蚜虫发生初期	30～40毫升	喷雾	10
1.5%除虫菊素水乳剂	蚜虫发生初期连续喷雾施药2次，间隔5～7天	120～160毫升	喷雾	—
24%阿维·氟啶悬浮剂	蚜虫发生前或始盛期	20～30毫升	喷雾	3

(5) 防治斜纹夜蛾、甜菜夜蛾。

①推荐药剂。苦皮藤素、甜菜夜蛾核型多角体病毒、金龟子绿僵菌CQMa421、氯虫苯甲酰胺、甲氨基阿维菌素苯甲酸盐、溴氰虫酰胺等。

②药剂使用方法。药剂使用方法见表3-7。

表3-7 防治斜纹夜蛾、甜菜夜蛾药剂使用方法

药剂名称	施药时间	每亩用量	施药方式	安全间隔期（天）
1%苦皮藤素水乳剂	低龄幼虫发生期	90～120毫升	喷雾	10
300亿PIB/克甜菜夜蛾核型多角体病毒水分散粒剂	产卵高峰期至低龄幼虫盛发初期	2～5克	喷雾	—

（续）

药剂名称	施药时间	每亩用量	施药方式	安全间隔期（天）
80亿孢子/毫升金龟子绿僵菌CQMa421可分散油悬浮剂	害虫卵孵化盛期或低龄幼虫期	40～60毫升	喷雾	—
5%甲氨基阿维菌素苯甲酸盐水分散粒剂	害虫发生初期	3～4克	喷雾	5
10%溴氰虫酰胺可分散油悬浮剂	卵孵化盛期	10～18毫升	喷雾	3

（6）**防治粉虱。**

①推荐药剂。

a.苗期：噻虫嗪、溴氰虫酰胺、双丙环虫酯、螺虫乙酯、螺虫·噻虫啉等。

b.结荚期：金龟子绿僵菌CQMa421等。

②药剂使用方法。药剂使用方法可参照表3-3和表3-6。

（7）**防治叶螨。**

①推荐药剂。联苯肼酯。

②药剂使用方法。药剂使用方法见表3-8。

表3-8 防治叶螨药剂使用方法

药剂名称	施药时间	每亩用量	施药方式	安全间隔期（天）
43%联苯肼酯悬浮剂	叶螨发生初期	20～30毫升	喷雾	5

（8）**防治锈病。**

①推荐药剂。戊唑·嘧菌酯、硫磺·锰锌、唑醚·锰锌、腈菌唑、吡萘·嘧菌酯、噻呋·吡唑酯等。

②药剂使用方法。药剂使用方法见表3-9。

表3-9 防治锈病药剂使用方法

药剂名称	施药时间	每亩用量	施药方式	安全间隔期（天）
75%戊唑·嘧菌酯水分散粒剂	病害发生前或初见零星病斑时施药1～2次	10～15克	叶面喷雾	7
70%硫磺·锰锌可湿性粉剂	病害发病初期	150～200克	叶面喷雾	3
60%唑醚·锰锌水分散粒剂	发病前或发病初期，视病情连续施药2次	80～100克	叶面喷雾	14
40%腈菌唑可湿性粉剂	发病初期开始施药，间隔7～10天，连续施药2～3次	13～20克	叶面喷雾	5
29%吡萘·嘧菌酯悬浮剂	发病初期开始施药，间隔7～10天施药1次	45～60毫升	叶面喷雾	3
20%噻呋·吡唑酯悬浮剂	发病初期用药，每隔7～10天施药一次，可连续用药2～3次	40～50毫升	叶面喷雾	3

（9）防治枯萎病。

①推荐药剂。枯草芽孢杆菌、多黏类芽孢杆菌、多抗霉素等。

②药剂使用方法。药剂使用方法见表3-10。

表3-10 防治枯萎病药剂使用方法

药剂名称	施药时间	每亩用量	施药方式
100亿CFU/克枯草芽孢杆菌可湿性粉剂	发病前或初期	200～250克	灌根
0.3%多抗霉素水剂	发病前或初期	80～100倍液	灌根
10亿CFU/克多黏类芽孢杆菌可湿性粉剂	发病前	440～680克	灌根

（10）**防治炭疽病。**

①推荐药剂。氟菌·肟菌酯、苯甲·嘧菌酯等。

②药剂使用方法。药剂使用方法见表3-11。

表3-11 防治炭疽病药剂使用方法

药剂名称	施药时间	每亩用量	施药方式	安全间隔期（天）
43%氟菌·肟菌酯悬浮剂	病害发生前或发生初期	20～30毫升	叶面喷雾	3
325克/升苯甲·嘧菌酯悬浮剂	病害发生前或发生初期	40～60毫升	叶面喷雾	7

（11）**防治白粉病。**

①推荐药剂。蛇床子素、吡萘·嘧菌酯、戊唑·嘧菌酯、腈菌唑、氟菌·肟菌酯等。

②药剂使用方法。蛇床子素使用方法见表3-12，其他药剂参照表3-9。

表3-12 防治白粉病药剂使用方法

药剂名称	施药时间	每亩用量	施药方式	安全间隔期（天）
1%蛇床子素水乳剂	发病前或发病初期	200～250毫升	叶面喷雾	7～10

（12）**防治轮纹病。**

推荐药剂及药剂使用方法参照炭疽病。

三、注意事项

1.棚室消毒是在相对封闭的环境中作业，施药过程中注意保持棚室通风，操作人员应做好防护，确保安全。消毒结束后，通风24小时左右再进行下一步操作。

2.防治病虫害不得使用禁限用农药。按照农药标签使用农药，避免超剂量、超次数使用。根据不同病虫害发生特点用药，如蓟马藏匿在花内，于10:00以前进行防治。

3. 施药时，应做到全面、均匀，注意植株上下部、叶片正反面、地面及周边地块杂草等部位。

第四章
豇豆病虫害绿色防控技术模式

豇豆病虫害绿色防控技术集成是根据豇豆栽培特点，充分考虑豇豆不同生态区条件和不同生育期病虫害发生为害特点，通过技术和产品有效组装配套，形成豇豆病虫害全程绿色防控技术模式。按照我国地理气候可将豇豆种植区域划分为华南与西南热带豇豆种植区、长江流域亚热带豇豆种植区、黄淮海温带豇豆种植区三个区域，并按三个区域介绍相应的技术模式。

第一节　华南与西南热带种植区域技术模式

华南与西南热带种植区域主要分布在海南、广东、广西、福建和云南南部、贵州南部以及四川攀西地区。本区域冬、春季节气候温暖，可进行冬、春豇豆生产。上市期华南地区集中在12月至翌年3月，西南热区集中在1—4月。

一、海南乐东"全覆盖式防虫网＋"豇豆绿色防控技术模式

1. **基本概况**　乐东黎族自治县地处海南省西南部，冬、春季气候温暖，是海南省豇豆主产区之一。因气候条件适宜，晚稻种植结束后，每年10月下旬至11月上旬开始种植豇豆，翌年4月上旬采收结束。当地豇豆主要以露天种植为主，冬、春季温暖干旱的气候条件有利于豇豆害虫发生，露天的种植加上多年来化学防控为主的技术模式，导致当地豇豆蓟马、斑潜蝇等害虫年年暴发

成灾，单季豇豆种植户施药18次以上，在害虫发生高峰期，常出现种植户间隔2～3天高频次施药，农药残留超标问题异常严峻，亟需改变当地豇豆种植户的种植模式，解决农药残留超标问题。针对当地生产实际，在乐东县九所镇建立"全覆盖式防虫网＋"豇豆病虫害绿色防控示范点，示范面积300亩。

全覆盖式防虫网

2. 技术措施

（1）**播种前**。重点预防后期枯萎病，减少整个生育期蓟马、斑潜蝇等害虫为害。

①深翻土地30厘米，晾晒3～5天，利用紫外线杀菌和消灭部分虫卵。

②搭建简易全覆盖式防虫网，使用竹竿搭建防虫网框架，5～6米一根竹竿，搭建高度2.7～3.0米，上端用铁丝相连，用60目防虫网，周围防虫网用泥土覆盖，连片5亩左右搭建一个防虫网。

③深沟高畦栽培，使用银灰色地膜覆盖垄面，阻隔害虫入土化蛹和防治杂草。

（2）**播种期**。重点预防苗期根腐病，减少后期枯萎病的发生程度。豇豆种子使用精甲·咯菌腈种衣剂，每100千克豆种用制剂300～400克兑少量清水拌匀进行拌种。

（3）**苗期**。重点防治豇豆蓟马、斑潜蝇；预防土传性病害，提高豇豆苗期长势和抗病能力；促进豇豆根系生长；预防低温寒害。

①出苗后1周左右，每亩使用枯草芽孢杆菌0.5千克＋氨基酸水溶液肥2千克灌根一次。

②全覆盖式防虫网种植苗期虫害发生一般较轻，当心叶有1～2头蓟马和少量斑潜蝇为害时（出苗后15天左右），选用乙基多杀菌素、吡丙醚等药剂进行防治。

③低温来临前和低温期间，使用氨基寡糖素进行全株喷雾。

（4）**伸蔓期**。重点防治蓟马、斑潜蝇；预防或防治锈病；预防低温寒害。

①防治蓟马，每亩悬挂蓝板30张，期间施药2～3次，药剂选用吡虫啉、吡丙醚、乙基多杀菌素、噻虫嗪、甲氨基阿维菌素苯甲酸盐等。

②防治斑潜蝇，每亩悬挂黄板30张，药剂选用阿维菌素、溴氰虫酰胺等。

③防治锈病，药剂选用代森锰锌、吡唑醚菌酯等。

④低温来临前和低温期间，使用氨基寡糖素全株喷雾。

（5）**开花结荚期**。重点防治豇豆蓟马、斑潜蝇、锈病、炭疽病等；保花保果；根据虫情5～7天施药一次；避免农药残留超标。

①防治蓟马，选用乙基多杀菌素、溴虫氟苯双酰胺、金龟子绿僵菌、吡丙醚、苦参碱、螺虫乙酯等药剂。

②防治斑潜蝇，选用溴氰虫酰胺、乙基多杀菌素。

③防治锈病、炭疽病，选用硫磺·锰锌、苯醚·丙环唑、唑醚·锰锌、吡萘·嘧菌酯等药剂。

④保花保果，使用24-表芸·赤霉酸＋磷酸二氢钾进行喷雾。

3. 技术实施效果

（1）**豇豆主要病虫害防治效果**。该技术模式以全覆盖式防虫网为基础，配套使用物理诱杀技术、生物防治技术和化学防治技术，与同时期露地种植豇豆相比，在第二轮翻花之前，蓟马种群数量比露地种植减少75%左右，综合防控效果85%以上；在进入二轮翻花后，网内蓟马种群数量呈上升趋势，与同时期露地种植豇豆相比，蓟马种群数量减少50%左右，综合防控效果80%左右。对于斑潜蝇，整个生育期网内种群数量控制到较低水平，与同时期露地种植豇豆相比，斑潜蝇种群数量减少80%以上，综合防控效果90%左右。

（2）**化学农药减量效果**。据统计，"全覆盖式防虫网＋"示范基地与同时期露天种植相比，可以减少化学农药使用量40%以上。

（3）**提质增效情况**。"全覆盖式防虫网＋"防控示范区豇豆采收期平均80天，相对于传统露地种植豇豆采收期平均40天，可延长40天左右；示范区豇豆平均亩产2 750千克，比露地种植区豇豆平均示范区亩产约1 500千克，可增加产量约1 250千克；示范区亩纯收益11 120元，较露地种植区4 740元增加6 380元。通过对示范点豇豆进行农药残留抽检，产品合格率达到100%。

4. 注意事项

（1）安装简易防虫网后，网内通透性较露天种植差，需配套滴灌设施，如采用沟内漫灌，需提高垄面至30厘米。

（2）安装简易防虫网后，网内通透性较露天种植差，网内锈病略重于露天种植。

（撰写人：海南省植物保护总站 李涛）

二、海南三亚"防虫网＋能量转化膜"豇豆绿色防控技术模式

1. 基本概况 三亚地处海南省南部，冬、春季气候温暖，是海南省豇豆主产区之一。每年10月下旬至11月上旬开始种植豇豆，翌年4月上旬采收结束。当地豇豆主要以露天种植为主，冬、春季温暖干旱的气候条件有利于豇豆害虫发生，露天种植加上多年来化学防控为主，导致当地豇豆蓟马、斑潜蝇等害虫年年暴发成灾，单季豇豆种植户施药18次以上，在害虫发生高峰期，常出现种植户间隔2～3天就施药，农药残留超标问题时有发生。2022—2023年在三亚市天涯区建立"防虫网＋能量转化膜"豇豆病虫害绿色防控示范点，示范面积17亩。

"防虫网＋能量转化膜"田间示范

2. 技术措施

(1) 播种前。 重点预防后期枯萎病，减少整个生育期蓟马、斑潜蝇等害虫为害。

①深翻土地30厘米，晾晒3～5天，利用紫外线杀菌和消灭部分虫卵。

②搭建防虫网及能量转化膜，使用钢架搭建网棚框架，搭建高度3～3.5米，顶部呈拱形，网棚顶部全部覆盖能量转化膜，网棚四周安装60目防虫网，周围防虫网用泥土覆盖。

③深沟高畦栽培，使用银灰色地膜覆盖垄面，阻隔害虫入土化蛹和防治杂草。

(2) 苗期。 重点促进豇豆根系生长，预防土传性病害，提高豇豆苗期长势和抗病能力；防治豇豆蓟马；预防锈病等真菌病害和控制徒长。

①出苗后1周左右，使用枯草芽孢杆菌灌根一次，2周左右使用哈茨木霉菌灌根一次，预防土传性病害，提高长势。

②防治蓟马，选用噻虫嗪配合哈茨木霉菌灌根1次，地上部分喷雾，选用吡虫啉、吡丙醚、乙基多杀菌素、噻虫嗪、甲氨基阿维菌素苯甲酸盐等药剂。

③使用苯甲·丙环唑预防锈病，控制徒长。

(3) 伸蔓期。 重点防治蓟马；预防或防治锈病，控制徒长；预防土传性病害。

①防治蓟马，选用吡虫啉、噻虫嗪、甲氨基阿维菌素苯甲酸盐等药剂喷雾2次。

②预防或防治锈病，控制徒长，使用苯甲·丙环唑喷雾1次。

③预防土传病害，选用枯草芽孢杆菌＋哈茨木霉菌灌根1次。

(4) 开花结荚期。 重点防治蓟马、斑潜蝇、锈病、炭疽病等；保花保果；预防土传性病害。

①防治蓟马，田间释放天敌捕食螨和小花蝽3次；每亩悬挂蓝板30张；防治药剂有乙基多杀菌素、苦参碱、金龟子绿僵菌、白僵菌、多杀菌素、蓟马引诱剂等，以上药剂组合轮换使用，5～7

天左右1次。

②防治斑潜蝇，每亩悬挂黄板30张，药剂选用乙基多杀菌素、溴氰虫酰胺等。

③防治锈病、炭疽病，选用硫磺·锰锌、苯醚·丙环唑、唑醚·锰锌、吡萘·嘧菌酯等药剂喷雾防治。

④保花保果，使用2,4-表芸·赤霉酸+磷酸二氢钾进行喷雾。

⑤预防土传性病害，使用枯草芽孢杆菌+哈茨木霉菌灌根1次，或枯草芽孢杆菌灌根3次。

3. 技术实施效果

(1) **豇豆主要病虫害防治效果**。该技术模式以防虫网及能量转化膜为基础，配套使用物理诱杀技术、生物防治技术和化学防治技术，与同时期露地种植豇豆相比，整个生育期蓟马种群数量比露地种植减少80%以上，综合防控效果85%以上；对于斑潜蝇，整个生育期网内种群数量控制到较低水平，与同时期露地种植豇豆相比，斑潜蝇种群数量减少80%以上，综合防控效果90%左右。

(2) **化学农药减量**。经统计，示范基地与同时期露天种植相比，化学农药减量40%以上。

(3) **提质增效情况**。"防虫网+能量转化膜"技术示范区豇豆采收期平均65天，较传统露地种植延长采收期15天左右；示范区豇豆平均亩产量约2 500千克，较传统种植亩收区增加约1 000千克；示范区豇豆每亩总纯收益9 000元，较露地种植区增加2 500元。通过对示范点豇豆进行农药残留抽检，产品合格率达到95%以上。

4. 注意事项

(1) 安装防虫网和能量转化膜后，因透光性受到影响，棚内植株容易出现徒长，在生长前期肥料的使用上避免大量使用化肥，需以有机肥和液体生物肥料为主，适当补充化肥，且适当减少田间灌水次数。

(2) 安装防虫网和能量转化膜后，网内通透性较露天种植差，需配套滴灌设施，如采用沟内漫灌，需提高垄面至30厘米。

(3) 安装简易防虫网后，网内通透性较露天种植差，网内锈病略重于露天种植。

（撰写人：海南省植物保护总站　李涛）

三、海南澄迈"半包围防虫网＋"豇豆绿色防控技术模式

1. 基本概况　澄迈县地处海南省西北部，春季气候温暖，是海南省豇豆主产区之一。每年1月上旬至2月上旬开始种植豇豆，5—6月采收结束。当地豇豆主要以露天种植为主，春季温暖湿润的气候条件有利于豇豆害虫发生，露天种植加上多年来化学防控为主，导致当地豇豆蓟马、斑潜蝇等害虫年年暴发成灾，以往单季豇豆种植户施药22次以上，在害虫发生高峰期，常出现种植户间隔2～3天就施药，农药残留超标问题时有发生。2022—2023年在澄迈县大丰镇建立"半包围防虫网＋"豇豆病虫害绿色防控示范点，示范面积10亩。

2. 技术措施

（1）播种前。重点预防枯萎病，减少整个生育期蚜虫、蓟马、斑潜蝇等害虫为害。

①水旱轮作，种植园在种植豇豆前前茬作物种植水稻，利用水稻种植过程中水分充分浸泡土壤，起到消灭病原菌与虫卵的作用。

②每亩施用有机肥1 000千克，深翻土地30厘米，晾晒3～5天，提高土壤有机质含量，利用紫外线杀菌和消灭部分虫卵。

③半包围网小区，四周搭建半包围防虫网，使用竹竿搭建支架，搭建高度2.5米，网棚四周安装80目防虫网，四周贴近地面，防虫网用泥土覆盖压实。

④深沟高畦栽培，使用银灰色地膜覆盖垄面，利用

"半包围防虫网＋"技术示范

地膜反光驱避蚜虫，地膜覆盖阻隔蓟马、斑潜蝇入土化蛹和防治杂草。

（2）**播种期**。选用抗（耐）性品种鸿丰708，采用直播播种，每亩豇豆种植密度3 000穴，培育壮苗。

（3）**苗期**。重点促进豇豆根系生长，预防土传性病害，提高豇豆苗期长势和抗病能力；防治豇豆蓟马；预防锈病等真菌病害和控制徒长。

①出苗7天左右，使用枯草芽孢杆菌灌根一次，2周左右使用哈茨木霉菌＋大蒜素灌根一次，预防土传性病害，提高长势，健壮根系，预防根腐病、枯萎病等病害。

②防治蓟马，选用吡虫啉、吡丙醚、乙基多杀菌素、噻虫嗪、甲氨基阿维菌素苯甲酸盐等药剂地上喷雾。

③防治豆荚螟等夜蛾类害虫，使用金龟子绿僵菌喷雾1次，控制苗期虫口密度。

④预防锈病，选用苯醚·丙环唑进行喷雾，并且可以控制徒长。

（4）**伸蔓期**。重点防治蓟马；预防或防治锈病，控制徒长；预防土传性病害。

①防治蓟马，选用吡虫啉、噻虫嗪、甲氨基阿维菌素苯甲酸盐等药剂喷雾2～3次，21%蓟马食诱剂应用1次。

②预防或防治锈病，使用苯甲·丙环唑喷雾1～2次。

③预防土传性病害，选用枯草芽孢杆菌＋哈茨木霉菌＋氨基寡糖素灌根1次。

（5）**开花结荚期**。重点防治豇豆蓟马、斑潜蝇、锈病、炭疽病等；保花保果；预防土传性病害；避免农药残留超标。

①防治蓟马，先喷施印楝素、苦参碱、藜芦碱等生物农药压低虫口基数，施药7天后，释放天敌捕食螨和小花蝽3次，每亩悬挂蓝板30张；施药选用乙基多杀菌素、苦参碱、金龟子绿僵菌、多杀霉素、蓟马引诱剂、蓟马食诱剂，以上药剂组合轮换使用，5～7天左右施药1次。

②防治斑潜蝇，每亩悬挂黄板30张，选用药剂有乙基多杀菌素、溴氰虫酰胺等。

③防治锈病、炭疽病、白粉病，选用硫磺·锰锌、苯醚·丙环唑、唑醚·锰锌、吡萘·嘧菌酯等药剂喷雾防治。

④保花保果，使用2,4-表芸·赤霉酸＋磷酸二氢钾进行喷雾。

⑤预防土传性病害，使用枯草芽孢杆菌＋哈茨木霉菌灌根1次，或枯草芽孢杆菌＋氨基寡糖素灌根3次。

3. 技术实施效果

（1）病虫害防治效果。该技术模式采取半包围防虫网，配套使用物理诱杀、生物防治和高效低毒化学农药防治等技术，与同时期露地种植豇豆相比，整个生育期蓟马种群数量差异不明显，综合防控效果75%左右；对于斑潜蝇，整个生育期网内种群数量有所减少但差异不大，综合防控效果75%左右。

（2）化学农药减量。经统计，"半包围防虫网＋"示范基地与露天种植同期相比，化学农药减量40%以上。

（3）提质增效情况。"半包围防虫网＋"防控示范区采收期平均58天，相比当地传统露地种植采收期延长16天左右；示范区豇豆平均亩产量约2 040千克，相较传统露地种植区增加约265千克；每亩总纯收益6 700元左右，较露地种植区增加约400元。通过对示范点豇豆进行农药残留抽检，产品合格率达到100%。

4. 注意事项

（1）安装半包围防虫网后，网内空气流通性较差，相对湿度会增加，注意观察病虫害发生。

（2）安装半包围防虫网后，网内通透性较露天种植差，可配套滴灌设施，如采用沟内漫灌，需提高垄面至30厘米。

（3）因受气流影响，网外昆虫极易通过气流作用迁飞进入包围网内，在种植过程中要密切关注虫口数量的变化，尽早采取防控措施压低虫口密度。

（撰写人：海南省植物保护总站　李相煌）

四、广东新兴豇豆病虫害绿色防控技术模式

1. 基本概况 广东云浮市新兴县东城镇为粤港澳大湾区"菜篮子"生产基地和云浮市应急保障蔬菜生产基地，每年3—10月分批次不间断露天种植豇豆，每茬种植20～30亩，全年种植总面积约200亩，实行与瓜类等蔬菜轮作。豇豆病虫害发生种类较多，抗药性强，防控难度较大。

2. 技术措施

（1）播种前。

①选择抗病虫性、抗逆性较强以及商品性好的品种；与非豆科作物进行轮作。

②移栽前约20天，田间均匀撒施生石灰后深翻土地，覆盖塑料薄膜进行闷土消毒。

盖膜闷土消毒

③移栽前15天精细整地，开沟作畦，定植前施用生物有机肥，提高有益微生物菌群。

④豇豆田垄上布设滴灌管带，覆盖银黑双色地膜，银色朝上驱避蚜虫等害虫，防止蓟马、斑潜蝇、豇豆荚螟落土化蛹或阻止土中虫蛹羽化，黑色朝下防治杂草，四周用土封严盖实。

⑤在豇豆田周边种植豆科植物诱杀害虫，如非洲山毛豆和猪屎豆等。

非洲山毛豆

猪屎豆

（2）**播种期**。

①采用多菌灵进行种子消毒。

②在温室大棚内采用水培育苗方式，缩减苗期时长，降低移苗前病虫基数及减少移苗伤根。

（3）**苗期**。

①苗期至爬蔓期采用膜下滴灌方式灌溉，防止种植区湿度过大，引发病害。

②移栽后2天，使用噻虫嗪滴灌施药1次，预防蓟马为害。

（4）**伸蔓期**。

①当植株长至5～6片叶时搭架，选用长2.5米的竹竿，采用"人"字架，在距离地面1/3处交叉捆结，交叉处用竹竿横放固定，增加田间通透性，减少病虫发生为害。

②安装风吸式太阳能杀虫灯诱杀夜蛾类害虫。

水培育苗

风吸式太阳能杀虫灯

③悬挂黄板诱杀蚜虫、粉虱和斑潜蝇，悬挂蓝板诱杀蓟马。

④加强水分管理，4—6月南方雨水较多，及时排除田间积水。

⑤开花前3～7天，施用噻虫嗪滴灌1次，通过根部滴灌用药，防治蓟马和豇豆荚螟。视炭疽病、虫害发生情况，当达到防治指标时，喷施生长调节剂、杀菌剂、杀虫剂，注意轮换使用不同作用机理的药剂，严格控制农药使用量。

（5）**开花结荚期**。重点防治豇豆荚螟、蓟马等害虫。

①安装信息素诱捕器、灯光诱捕器诱杀豇豆荚螟、蓟马、甜菜夜蛾等害虫。

②药剂防治，优先选用生物源农药，如多杀霉素、苦参碱、金龟子绿僵菌、苏云金杆菌等，以及噻虫嗪、溴氰虫酰胺、甲氨基阿维菌素苯甲酸盐、乙基多杀菌素等高效、低毒、低残留农药进行防治。

③豇豆生长中后期，及时疏除植株下部过密枝叶，增强田间通风透光，减少病虫发生为害。

信息素诱捕器

灯光诱捕器

3. 技术实施效果

（1）**防治效果**。示范点豇豆总体病虫防治效果可达85%左右，其中对蓟马和斑潜蝇的防效达80%以上，对豇豆荚螟和甜菜夜蛾的防效达85%以上。

（2）**减施农药效果**。与农民常规防治相比，示范点每亩每茬减少农药用量1 440毫升，减幅41.37%；减少用药次数6次；减少用药成本220元。

（3）**提质增效情况**。示范点每亩每茬豇豆产值可达8 280元，比农民常规防治区的产值（6 650元）增加1 630元；每亩每茬纯收入增加530元，增幅为15.36%。经检测，示范基地均未使用高毒农药或禁限用农药，豇豆农残合格率明显高于普通农户，为社会提供了更加安全优质的农产品。较好保护了农田生态系统的稳定性，天敌昆虫种类和数量较农民常规防治区明显提高。

4. 注意事项

注意轮换用药，减缓害虫抗药性产生；严格遵守农药安全间隔期。

（撰写人：广东省农业有害生物预警防控中心

王琳　周振标）

五、广西合浦豇豆病虫害绿色防控技术

1. 基本概况　北海市合浦县位于广西南端，属于亚热带海洋性季风气候，平均日照总时数超过1 900小时，年均气温22.4℃，年总积温8 200℃，无霜期358天，年均降水量1 500～1 800毫米，光、温、水资源丰富，适合豇豆生长。2023年建立豇豆绿色防控示范区，位于合浦县石湾镇东江村。种植豇豆品种为厚肉长豇豆。种植时间为2—5月，种植模式为豇豆-水稻一年两茬的水旱轮作模式。主要发生虫害为斑潜蝇、蓟马、叶螨、蚜虫、白粉虱，露尾甲少量发生，豆荚螟、斜纹夜蛾、甜菜夜蛾发生不明显。示范区种植技术措施为播前处理（土壤、苗床、种子消毒）；科学用药（应用印楝素、金龟子绿僵菌等生物农药，合理交替轮换使用高效、低毒、低残留化学药剂，严格遵守安全间隔期）；理化诱控（信息素＋蓝板诱杀）；生态调控（行间撒播香菜，田边种植芝麻、金盏菊）；天敌防治（释放小花蝽防治蓟马等）。

2. 技术措施

（1）播种前后。

①土壤处理。播种前，施用足够的有机肥或腐熟农家肥。结合整地、施肥进行土壤处理，提前15天以上深翻30厘米进行晒土，每亩用高锰酸钾3～4千克拌沙10～20千克均匀撒施进行土壤消毒。播种前苗床撒施金龟子绿僵菌颗

苗床消毒

粒剂防治地下害虫。应用多黏类芽孢杆菌泼浇苗床，防治根腐病、枯萎病等病害。

②培育健康种苗。选用抗（耐）性品种；提倡水旱轮作或与非豆科作物轮作；苗前除草；深沟高畦栽培；银黑双色地膜覆盖；保持适宜的豇豆种植密度，培育壮苗；选用噻虫嗪·氟酰胺·嘧菌酯拌种防治蓟马、根腐病、白绢病等病虫害。

种子处理

（2）苗期至伸蔓期。

①药剂灌根。应用多黏类芽孢杆菌等微生物菌剂灌根1～2次防控根腐病、枯萎病。

②物理阻隔。采用小拱棚育苗，避寒、阻隔害虫等；在上风口设置防虫网围栏和亮色膜，阻止外来虫源。

③害虫诱杀。在田间设置可降解聚集信息素蓝板诱杀蓟马等害虫。豇豆上架后，每亩挂20～30片蓝板（40厘米×25厘米），方向朝南，根据豇豆生长期调整蓝板的高度，苗期高出植株顶部15～20厘米，生长中后期挂于植株中上部。对于诱杀害虫虫口数量过多或诱杀失效的蓝板应及时更换。安装杀虫灯、性诱捕器诱杀豇豆荚螟、斜纹夜蛾、甜菜夜蛾、棉铃虫等鳞翅目害虫。

④种植功能植物。行间撒

灯光诱杀

播香菜，田边种植芝麻、金盏菊，可以吸引天敌并驱避害虫。

⑤释放天敌。释放天敌7天前先喷施印楝素、苦参碱、金龟子绿僵菌等生物农药压低虫口基数，释放天敌后，应选用对天敌没有杀伤作用的药剂进行病虫害防治。植株上发现蓟马即开始释放小花蝽，按照2～3头/米²的密度释放，发

行间撒播香菜

生严重时，按照10头/米²释放，间隔7天释放一次，连续释放3～5次。释放捕食螨防治螨类和蓟马若虫等，每亩释放10万头。

⑥生长调节。冬、春季节，使用植物生长调节剂芸苔素内酯，起到保花保果、提高豇豆抗病性的作用。

⑦科学用药。使用多黏类芽孢杆菌或硫磺·锰锌+吡萘·嘧菌酯+春雷霉素防治根腐病、枯萎病、疫病；使用氟菌·肟菌酯或腈菌唑防治叶霉病、叶斑病、锈病、炭疽病、白粉病；使用绿僵菌+啶虫脒+印楝素、乙基多杀菌素+桉树油精+啶虫脒、虫螨腈·唑虫酰胺+绿僵菌、苦参碱+藜芦根茎提取物防治蓟马、蚜虫、夜蛾、斑潜蝇。

(3) 开花结荚期。

①防治病害。根据病害实际发生情况，使用硫磺·锰锌、吡萘·嘧菌酯叶面喷雾防治叶霉病、炭疽病、白粉病；使用春雷霉素叶面喷雾防治疫病、细菌性病害。

②防治虫害。根据虫害实际发生情况，使用乙基多杀菌素+桉树油精+绿僵菌、桉树油精+啶虫脒防治蓟马、豆荚螟、蚜虫、斑潜蝇、白粉虱。

(4) 采摘期。

①防治病害。根据病害实际发生情况，使用氟菌·肟菌酯叶面喷雾防治叶斑病、细菌性角斑病；使用硫磺·锰锌+吡萘·嘧菌酯+

春雷霉素叶面喷雾防治疫病、细菌性病害。

②防治害虫。根据害虫实际发生情况，使用乙基多杀菌素＋桉树油精＋绿僵菌、桉树油精＋啶虫脒、苦参碱＋绿僵菌＋桉树油精、藜芦根茎提取物、白僵菌防治蓟马、豇豆荚螟、蚜虫、夜蛾、斑潜蝇、白粉虱。

3.技术实施效果

（1）病虫害防治效果。与空白对照相比，生态调控＋天敌防治＋防虫网复合措施和理化诱控＋防虫网复合措施对斑潜蝇防效为82.84％和70.13％，对蓟马防效为60.68％和49.68％，对叶螨防效为53.64％和64.48％，对白粉虱防效为88.68％和87.81％。

（2）农药减施效果。农民自防区平均每亩使用化学农药量（折纯量）为565.19克，示范区每亩使用化学农药量321.74克，示范区减少化学农药43.07％。

（3）提质增效情况。示范区平均亩产为1 572.35千克，农民自防区平均亩产为1 478.05千克，示范区平均亩产提高6.38％。

4.注意事项

（1）使用绿僵菌悬浮剂时，注意摇匀后加助剂混匀。

（2）嘧菌酯、吡唑醚菌酯等杀菌剂与绿僵菌不兼容，不能混用，间隔5天再使用。

（撰写人：合浦县植保站　刘暮莲　庞怀昕　陈明；

广西壮族自治区植保站　陈丽丽　黄凯）

六、广西鹿寨豇豆病虫害绿色防控技术模式

1.基本概况　鹿寨县位于广西中部，属亚热带季风气候，四季温和，无霜期长，光照充足，年平均气温18～20℃，无霜期333天，年平均日照时间1 600小时，年均降水量1 500毫米。2023年建立豇豆绿色防控示范区，位于广西鹿寨县平山镇青山村堡底屯。种植豇豆品种为加长型厚肉豇豆。种植时间为4—7月，种植模式为豇豆-芥菜轮作。由于豇豆病虫害发生种类多、频次高、花

果同期、采摘期间隔短，加之以小农户分散生产为主，农药残留问题突出。

2. 技术措施

（1）**播种前后**。重点预防立枯、猝倒等苗期病害及后期枯萎病，防治地下害虫，减少整个生育期蓟马等害虫的为害。

撒施生石灰、高锰酸钾进行土壤消毒

①土壤处理。提前15天以上深翻30厘米进行晒土。结合整地、施肥，亩用30～40千克生石灰进行土壤处理。起畦前，亩用高锰酸钾4千克拌细沙土20千克均匀撒施进行土壤消毒。播种前苗床撒施金龟子绿僵菌颗粒剂防治地老虎、蛴螬等地下害虫。

②培育健康种苗。选用抗（耐）性品种；提倡水旱轮作或与非豆科作物轮作；深沟高畦栽培；使用精甲·咯菌腈，按药种比1∶300进行种子包衣，预防根腐病、立枯病等病害；保持适宜的豇豆种植密度；苗前除草。

（2）**苗期**。重点预防土传性病害，防治蓟马等害虫，防止徒长，培育壮苗。

①物理阻隔。采用80目全封闭防虫网、高畦覆膜育苗，避寒、阻隔害虫等。覆盖地膜后，将豇豆出苗孔四周的地膜用土封住，避免气温升高时湿热气从出苗孔涌出而造成烧苗的现象。

②害虫诱杀。豇豆上架后，每亩挂20～30片蓝板（40厘米×25厘米），方向朝南，根据豇豆生长期调整蓝板的高度，苗期高出植株顶部15～20厘米，生长中后期挂于植株中上部。对于诱杀害虫虫口数量过多或诱杀失效的蓝板及时进行更换。

③科学用药。出苗后2～3天，采用哈茨木霉菌灌根预防猝倒病、疫病、根腐病、立枯病等苗期病害的发生；喷施金龟子绿僵菌＋乙基多杀菌素预防蓟马等害虫的发生；喷施多效唑

控制徒长；喷施氨基寡糖素＋鱼蛋白生物刺激素促根壮苗。出苗后7～10天，撒施枯草芽孢杆菌＋金龟子绿僵菌，撒施后覆盖地膜，预防苗期病虫的发生。出苗后2周，喷施枯草芽孢杆菌＋磷酸二氢钾，促进生根壮苗，防治苗期立枯病、疫病等病害。

(3) **伸蔓期**。重点防治蓟马；控制徒长，兼防锈病，培育健壮植株。

①加强控水、通风。科学管理水肥，排涝控水；及时疏除植株下部过密枝叶，改善豇豆通风透光条件。

②控制徒长，兼防锈病。豇豆引蔓上架后，喷施丙环唑＋磷酸二氢钾，起到控制豇豆徒长、缩短蔓节长度、培育健壮植株的作用，还能兼防锈病。

③害虫诱杀。继续悬挂可降解聚集信息素蓝板诱杀蓟马等害虫。

④科学用药。在蓟马发生初期，喷施金龟子绿僵菌进行防治。

(4) **开花结荚期**。重点防治蓟马，兼治斜纹夜蛾；防治根腐病、疫病等病害；控制徒长，兼防锈病。

①控制徒长，兼防锈病。豇豆蔓爬到架顶时，喷施丙环唑，控制豇豆徒长，缩短蔓节长度，避免田间过于郁蔽，还能兼防锈病。

②害虫诱杀。继续悬挂蓝板，并及时更换。

③防治害虫。当蓟马达到1.5头/花时，喷施金龟子绿僵菌＋乙基多杀菌素＋桉树油精防治，同时起到兼治斜纹夜蛾的作用。

(5) **采摘期**。重点防治蓟马，兼治斜纹夜蛾；加强肥水管理，防早衰，增强抗病虫能力。

①加强肥水管理。采摘期是豇豆需肥量最大的时期，应及时追肥，避免豇豆脱肥早衰而诱发叶霉病、锈病等病害。

②害虫诱杀。继续悬挂蓝板，并及时更换。

③防治害虫。当蓟马达到1.5头/花时，喷施金龟子绿僵菌＋螺虫乙酯＋桉树油精防治，同时起到兼治斜纹夜蛾的作用。

3. 技术实施效果

（1）**病虫防治效果**。主要发生害虫为蓟马，斜纹夜蛾轻发生，其他害虫未见发生。豇豆结荚前蓟马轻发生，开花结荚后蓟马发生较重，在豇豆结荚中后期蓟马虫口密度达4.5头/花。由于棚内湿度较大，枯萎病、根腐病、疫病比露地的严重，其他真菌性病害轻发生，细菌性病害未见发生。防虫网＋复合措施对比发现，增设防虫网能有效提高豇豆害虫的防治效果，豇豆荚螟、斑潜蝇等主要害虫未见发生，对蓟马的防控效果良好，虫口减退率达84.6%。

（2）**农药减施效果**。据调查，豇豆整个生育期农民自防区施药次数约23次，示范区施药11次，减少农药使用频次52.2%。

（3）**提质增效情况**。示范区平均亩产为2 400千克，农民自防区平均亩产为2 100千克，平均亩产提高14.3%。

4. 注意事项

（1）全封闭式网棚，棚内空气流动较棚外差，棚内温度较棚外高约1.5℃，湿度较棚外高15%左右。当室外气温上升至35℃左右时，需揭网通风。3月至6月中旬使用防虫网效果好，6月中旬以后高温高湿，不适宜使用防虫网，秋季可在9月以后使用防虫网。

（2）使用绿僵菌悬浮剂时，注意摇匀后加助剂混匀。

（撰写人：鹿寨县农业技术推广中心　罗春华　黄后琚　廖斌　杜敏；

　　　　　广西壮族自治区植保站　王春娟）

七、云南耿马冬春季豇豆病虫害绿色防控技术模式

1. 基本概况

耿马傣族佤族自治县位于滇西南边境，海拔在450～3 323米之间，年平均气温为18.8℃，属南亚热带季风气候类型。县内的孟定镇地处北回归线附近，滇西南横断山脉切割山地切割区的中下段，平均海拔511米，属于低纬度、低海拔的冲积平坝低热山谷区，日照长、终年无霜，年均气温21.7℃，年平均降水量为1 600毫米，素有"天然温室大棚"的美称，具有得天独

厚、不可复制的种植冬早蔬菜气候优势。豇豆冬、春季种植时间一般为12月至翌年4月，夏、秋季种植时间为8—11月，豇豆冬、春季生长周期大约需要120天，夏、秋季大约需要100天。孟定镇豇豆主要病虫害有炭疽病、红斑病、角斑病、病毒病、豇豆荚螟、蓟马、斑潜蝇、白粉虱等。病虫害防控主要依靠化学农药，在孟定镇高温高湿的环境条件下病虫害频繁发生，种植农户为保证产量农药使用量必然增加，加之采摘间隔期极短（夏季1天1采、冬季2天1采），尚未达到农药安全间隔期就上市，是造成市场抽检农残超标的主要原因。2023年在耿马孟定镇蛾芒基地实施绿色防控技术示范，核心面积12亩，集成"防虫网＋抗病品种＋杀虫灯＋色板＋生物农药＋天敌＋科学用药"豇豆病虫害绿色防控技术模式。

2. 技术措施

（1）播种期。

①土壤处理。结合整地、施肥，撒施金龟子绿僵菌颗粒剂、枯草芽孢杆菌等生防菌剂浅旋耕，定植后浇水，防治蓟马、地下害虫、土传病害等。

②选用抗病品种。选用完美717品种，该品种适应性强，栽培容易，产量高，品质好。

（2）苗期。

①物理阻隔。采用银灰膜条（或银灰地膜）避蚜、地膜覆盖阻隔蓟马入土化蛹。棚内使用60～80目防虫网有效阻隔害虫，降低虫源基数。

②虫源诱杀。在豇豆示范区安置杀虫灯。田间交替设置黄板、蓝板，黄板每亩放置15张，蓝板每亩放置15张。

③化学防治。防治细菌性角斑病施用中生菌素1次；防治斑潜蝇施用溴氰虫酰胺1次；防治豇豆锈病施用硫磺·锰锌1次；防治炭疽病施用氟菌·肟菌酯1次。

④补充营养。叶面肥补充营养元素，快速抽芽。

（3）伸蔓期。

①防治炭疽病，施用4%苯醚甲环唑，7～10天一次，防治2次。

②防治斑潜蝇，施用10%溴氰虫酰胺，兼治蓟马和豇豆荚螟，防治1次。

③防治炭疽病、角斑病，施用苯甲·嘧菌酯，7～10天一次，防治2次。

④补充营养，补充叶面肥，促快速抽芽。

（4）伸蔓期。

①防治炭疽病、红斑病、角斑病，施用苯甲·嘧菌酯，7～10天一次，施药2次。

②防治斑潜蝇，施用溴氰虫酰胺，兼治蓟马和豇豆荚螟，施药1次。

③防治豇豆荚螟、蓟马、白粉虱，施用金龟子绿僵菌1次。

（5）开花结荚期及采摘期。

①防治豇豆荚螟、蓟马、斑潜蝇和白粉虱，施用溴氰虫酰胺1次；防治甜菜夜蛾，施用金龟子绿僵菌CQMa421；防治蓟马，施用苦参碱。

②防治白粉病、炭疽病等病害，选用蛇床子素连续施药2～3次，间隔7～10天。

③防治螨类、蚜虫、蓟马等，在虫口基数低时，释放斯氏盾绥螨，每亩释放量为800万头。

3.技术实施效果

（1）病虫害防控效果。防虫网对蓟马、豆荚螟和白粉虱有明显控制作用，同时减少通过白粉虱传毒的病毒病（黄叶病）。80目（孔径0.18毫米）、60目（孔径0.25毫米）、40目（孔径0.42毫米）防虫网能不同程度阻隔蓟马、粉虱等害虫进入网内为害，比露地栽培分别可以降低蓟马虫口基数69.4%、48.6%、27.8%，降低粉虱虫口基数88.7%、60.5%、30.4%。

（2）农药减施效果。运用"防虫网＋生物防治＋释放天敌"等绿色防控手段，减少化学农药使用量30%。

（3）提质增效效果。经批次测产，对照组平均精品率为70%，产量99.93千克，收益为295.79元；示范组平均精品率为82.9%，产量为98.6千克，收益为327.47元。示范组增加收益31.68元。共计采收20批次，折算为每亩增加收益634元，示范12亩，共计增加收益7 608元。示范试验区比对照增加收益10.7%，经济效益显著。

4. 注意事项

（1）应选择60目以上防虫网，但是防虫网目数并非越高越好，目数太高，大棚内温度过高，密不透风，影响豇豆产量。

（2）施药前对当地主要害虫如蓟马、斑潜蝇和白粉虱的抗药性进行监测，以便针对性选择用药，降低常规农药超标的风险。

（撰写人：云南省植保植检站 胡慧芬 罗嵘 资加文 张瑞珂 江正红；

耿马县种植业发展中心 刘伟群 朱素娥；

云南方一农业发展有限公司 李少静 晏忠阳）

第二节 长江流域亚热带种植区域技术模式

长江流域亚热带种植区域主要分布在四川、重庆、湖北、湖南、江西、浙江、上海和江苏中南部、安徽南部。本区域冬、春季节气候温和，1月平均气温≥4℃。一年可以栽培豇豆两季到三季，即春提早、秋延迟塑料大棚以及夏茬露地栽培。大部分以直播为主，部分春季大棚提早育苗。

一、重庆市豇豆病虫害绿色防控技术模式

1. 基本概况 2021—2023年，重庆市植物保护站联合重庆市农业科学院、重庆大学在璧山、巴南等区县开展了豇豆病虫害绿色防控技术集成与示范，推广使用抗病丰产品种、防虫网阻隔、地膜覆盖、生物农药、安全间隔期3天以内的化学农药、农药减量助剂、低容量和超低容量无人机及冷雾机喷施等一批绿色防控技术产品，集成了一套可复制推广的豇豆病虫害绿色防控技术措施，有效控制病虫为害损失，减少化学农药使用量，达到农药减量控

害、提质增效的目的。

2. 技术措施

（1）**生物防治**。

①播种前，每亩用绿僵菌421颗粒剂10千克与有机肥混合施用，防治地下病虫害；播种或定植后用三菌克液剂（绿僵菌421油悬浮剂120～180毫升、白僵菌435油悬浮剂60～90毫升、哈茨木霉菌20～30毫升）与2千克培养基混合后加水至100升灌窝，防治根部病害。

②苗期，用绿僵菌421+苦参碱+蛇床子素+免疫蛋白肥，兑水叶面喷施1次。

③开花结荚期，用绿僵菌421+苦参碱+蓟马助剂+枯草芽孢杆菌+免疫蛋白肥，兑水叶面喷施，每10～12天喷施1次。

（2）**理化诱控**。

①风吸式太阳能杀虫灯诱杀技术。每30亩安装风吸式太阳能杀虫灯1盏，连片设置，诱杀甜菜夜蛾、斜纹夜蛾等趋光性害虫成虫，降低成虫产卵量，压低虫口基数。

②可降解黄（蓝）板诱杀技术。豇豆上架后开花前，每亩悬挂30张可降解黄（蓝）色诱虫板，诱杀蚜虫、粉虱、蓟马等害虫，悬挂高度1.0米左右。可将害虫性诱剂与诱虫板结合，提升诱杀效果。若色板粘虫过多，影响光泽或黏度，需及时更换。

简易杀虫灯诱杀

黄板诱杀

③性诱剂诱杀技术。豇豆上架后开花前，每亩安装4～5套夜蛾和蓟马诱捕器诱捕豇豆荚螟、甜菜夜蛾、斜纹夜蛾等害虫成虫，每30天左右更换一次诱芯。

性诱剂诱杀豇豆荚螟

（3）**科学用药**。根据虫口密度及生长时期，科学合理选用农药及施用方法。优先选用生物农药防治，可采用生物农药＋减量化学农药防治方案，加强统防统治，推广低容量和超低容量无人机及冷雾机喷施技术。

①苗期，用绿僵菌421油剂＋溴氰虫酰胺＋多菌灵＋免疫蛋白肥15克，兑水叶面喷施1次。

②开花结荚期，用绿僵菌421油剂＋乙基多杀菌素＋苯醚甲环唑＋免疫蛋白肥，兑水叶面喷施，每10～12天喷施1次。

无人机统防统治

3. **技术实施效果**

（1）**病虫防治效果**。经试验验证，生物防治示范区，豇豆豆荚螟的为害率为17%，蓟马为害率为5%，其他病虫害为害率在5%以下。通过推广使用抗病丰产品种、防虫网阻隔、地膜覆盖、生物农药、安全间隔期3天以内的化学农药、农药减量助剂、低容量和超低容量无人机及冷雾机喷施等绿色防控技术，开展统防统治，对豇豆蚜虫、蓟马、豇豆荚螟、叶螨、斑潜蝇、烟粉虱、锈病、炭疽病等病虫害综合防治效果达85%以上。

（2）**农药减施效果**。该技术模式累计实施面积1 260亩，可减少化学农药使用量50%～100%。

（3）**提质增效情况。** 示范区每亩人工及物化投入成本1 800元，亩产量2 200千克，单价3元/千克，亩收益4 800元；常规防治区每亩人工及物化投入成本1 700元，产量1 980千克，单价3元/千克，亩收益4 240元。与常规防治相比，示范区每亩人工及物化投入成本增加100元，亩增产220千克，亩增收560元，豇豆质量明显提高，效益明显增加。

4. 注意事项

（1）物理防治产品应集中连片使用，使用规模宜在30亩以上。

（2）根据病虫监测及天气情况确定施药时间，开花期施药时间宜在10:00以前。

（3）施用农药可配合农药助剂并开展统防统治，以实现减量控害增效目标。

（撰写人：重庆市植物保护站　牛小慧；

重庆市农业科学院　张谊模；

璧山区农业发展促进中心　何平；

重庆大学　夏玉先）

二、江西丰城露地豇豆病虫害绿色防控技术模式

1. 基本概况　丰城市地处江西省中部、赣江中下游，属亚热带湿润气候区，四季分明，气候温暖，雨量充沛，光照充足，无霜期长。豇豆主要病虫害为根腐病、枯萎病、锈病、叶斑病、蓟马、斑潜蝇、豆荚螟、斜纹夜蛾等。针对豇豆病虫害防治中存在的农户科学安全用药意识不强、绿色综合防控技术措施欠缺、豇豆害虫抗药性强、防治难度加大等问题，为有效控制豇豆病虫害，探索豇豆病虫害全程绿色防控技术，2023年在袁渡镇新华村秋季露地豇豆上开展了豇豆病虫害绿色防控技术示范，示范面积40亩，种植时间为7月下旬，种植模式为稻-豆轮作，即第一茬种植早稻，早稻收割后第二茬种植秋豇豆。

2. 技术要点

（1）播种期。

①土壤处理。豇豆种植区域宜选择水旱轮作，道路便捷，地势平坦，沟渠配套，排灌方便，耕作土层深厚，土壤结构适宜，理化性状良好，有机质含量高，土壤中有效氮、磷、钾含量水平较高，微酸性至中性的地块。播种前，及时清除田间杂草、前期作物残茬等，待地块表层的杂物全部清除干净之后，每亩混合撒施5%有机肥400千克加45%复合肥40千克加33%过磷酸钙100千克作底肥，然后做好相应的深耕工作，将深度控制在30厘米为宜，深耕操作完成后3～4天进行起垄作业。结合整地、施肥，用哈茨木霉菌处理土壤，预防根腐病、枯萎病等土传病害。

②培育健康种苗。豇豆种子选用抗（耐）性包衣种子；深沟高垄栽培，垄高不低于30厘米，垄面宽90厘米，垄与垄之间沟宽30厘米，7月下旬播种，用24%噻虫嗪·氟酰胺·嘧菌酯种子处理悬浮剂按照3∶5比例兑水拌种，每垄种植2行，株行距30～40厘米，每穴播种3～4粒，每亩用种量1.5～2千克，种子下泥后覆盖3厘米厚薄细土，然后每亩用48%仲丁灵乳油200毫升兑水50千克细水喷雾封闭除草。

③生态调控。在定植或播种前，豇豆田边种植波斯菊等栖境植物，增加对瓢虫、草蛉、食蚜蝇、姬蜂等天敌的诱集招引，为

田埂种植显花植物保护天敌

天敌建立稳定的种群提供环境条件，增加天敌控害作用。

（2）**苗期**。

①药剂灌根。出苗后1周左右，根据实际情况应用哈茨木霉菌灌根1～2次，预防根腐病、枯萎病等病害的发生，同时，注意土壤湿度，防止土壤湿度过高造成烂根。

②物理阻隔。因地制宜推广使用防虫网阻隔害虫，田块四周以钢管作支撑，使用80目防虫网搭建2.5～3米高的围网，即"全包围式"防虫网，阻隔蓟马、斑潜蝇、烟粉虱等害虫。

防虫网阻隔害虫

③害虫诱杀。每亩悬挂3个斜纹夜蛾、甜菜夜蛾、豇豆荚螟性信息素诱捕器诱杀成虫。诱捕器进虫口的高度，苗期高出植株顶部15～20厘米，生长中后期高出地面1～1.5米。

（3）**伸蔓期至开花结荚期**。

①加强控水、通风。生长期科学管理水分，排涝控水；豇豆生长中后期，及时搭架绑蔓、打杈，疏除植株下部过密枝叶，改善豇豆通风透光条件，发现病株及时拔除。

②合理施肥。豇豆在开花结荚前需肥较少，氮肥过多易引起徒长。因此，施肥量宜少不宜多，豇豆搭架后，每亩施40～50千克复合肥，以后至开花结荚前可视苗情追施15～20千克复合肥、10千克过磷酸钙、5千克钾肥，以促进开花结荚。

③生长调节。初花期、初果期，可喷施氨基寡糖素、超敏蛋白等免疫诱抗剂以及赤霉酸、芸苔素内酯等植物生长调节剂，起到保花保果、提高豇豆抗病性的作用。

④科学用药。伸蔓期至开花结荚期是豇豆病虫害发生为害和防治的关键时期。病害主要为根腐病、枯萎病、锈病等，虫害主

要为蓟马、豆荚螟、斑潜蝇、斜纹夜蛾等。根据田间病虫监测，在病害未发生或发生初期施药防治，在害虫发生初期以及卵（若虫）期、低龄幼虫期施药防治。8月中旬，伸蔓期防治根腐病、枯萎病、蓟马、蚜虫、斜纹夜蛾、斑潜蝇等病虫害，选用哈茨木霉菌、啶虫脒、甲维盐、溴氰虫酰胺；8月下旬，初花期防治锈病、枯萎病、斜纹夜蛾、豆荚螟、蓟马等病虫害，选用苯甲·嘧菌酯＋甜菜夜蛾核型多角体病毒＋虫螨脲、多杀霉素。

科学安全用药

（4）采摘期。

①加强田间管理。

a.水分管理。开花结荚后，田间需水量增多，应保持土壤湿润，遇到干旱天气应及时灌水，以减少落花，提高坐果率。

b.适时追肥。豇豆开花结荚期要消耗大量养分，尤其对磷、钾肥需求较多。在豆荚生长盛期，应每隔5～7天，每亩追施15～25千克复合肥，连续追施3次。盛荚期后，可根据植株生长情况追施20～25千克复合肥，以促进再次开花坐果，提高豇豆产量。

c.及时采摘。一般以开花至嫩荚采收8～12天为宜，即在种子刚开始膨大时及时采收。过期采收会引起植株的养分平衡失调，妨碍上部花序的开花结荚。同时，豆荚老化，不但降低品质，而且会影响豇豆后续开花结荚。

②科学用药。采摘期要严格执行农药标签所标注的安全间隔

期，尽量选用生物防治措施以及安全间隔期3天以内的药剂防治病虫害。9月上旬，盛花期至结荚初期，防治锈病、炭疽病、蓟马、豆荚螟、蚜虫、斜纹夜蛾、斑潜蝇等病虫害，选用腈菌唑、苯甲·嘧菌酯、乙基多杀菌素、多杀霉素等药剂；9月中旬，结荚盛期，防治锈病、炭疽病、白粉病、蓟马、豆荚螟、斜纹夜蛾、斑潜蝇等病虫害，选用戊唑·嘧菌酯、腈菌唑、溴氰虫酰胺、甜菜夜蛾核型多角体病毒、甲维盐等药剂；9月下旬，结荚后期，防治锈病、炭疽病、蓟马、豆荚螟、斜纹夜蛾等病虫害，选用苯甲·嘧菌酯、多杀霉素、高效氯氰菊酯、虱螨脲等药剂。

3. 技术实施效果

（1）**病虫防治效果**。实施豇豆病虫害绿色防控技术，示范区的总体病虫防治效果可达80%以上；蓟马、斑潜蝇等关键病虫害的防控效果达85%以上。

（2）**农药减施效果**。病虫害药剂防治次数，示范区平均6.3次，对照区平均8.5次，示范区平均减少2.2次；每亩化学农药使用量（折百量）示范区平均为198.75克，对照区平均为284.91克，示范区平均减少30.24%；每亩农药成本示范区平均为262.7元，对照区平均为378.4元，示范区节约115.7元；每亩施药用工费示范区94.5元，对照区127.5元，示范区节约用工费33元。两项合计，每亩节约药剂防治成本148.7元。扣除示范区应用灯光诱杀、性诱剂诱杀、防虫网阻隔等非化学防治技术增加的成本138元，实际每亩节约防治成本10.7元。

（3）**提质增效情况**。豇豆病虫为害损失率示范区平均为4.93%、对照区平均为10.17%，示范区降低损失5.24个百分点。平均亩产鲜豇豆示范区3 316.3千克、对照区3 127.7千克，示范区平均每亩增产188.6千克，增产率为6.03%。鲜豇豆按6元/千克计算，示范区比对照区增收1 131.6元。以上两项合计，示范区比对照区平均每亩节本增收1 142.3元。示范区60批次农药残留检测合格率100%，生产的豇豆质量安全。菜田瓢虫数量示范区平均26.4头/百株、对照区平均为4.7头/百株，示范区平均增加4.62倍；菜田草蛉数量示范区平均为23.1头/百株、对照区平均为3.9头/百株，示范区平均增加4.92倍。

4. 注意事项

（1）科学选用豇豆上登记的药剂，注意轮换使用内吸性、速效性和持效性等不同作用方式和机制的药剂。

（2）每种药剂按农药标签规定控制使用剂量和次数，严禁超范围、超剂量、超频次用药。

（3）严格遵守农药安全间隔期规定，严禁使用禁限用农药。

（撰写人：丰城市现代农业技术服务中心植保植检站　张露）

三、四川射洪春豇豆病虫害绿色防控技术模式

1. 基本概况　射洪市属四川盆地亚热带湿润气候东部区，气候温和，雨量充沛，四季分明，全市常年种植的蔬菜共有8个大类100多个品种。其中，豇豆的种植规模约占蔬菜种植总面积的0.09%。在豇豆种植中，春豇豆占96.36%，秋豇豆占3.64%，设施豇豆占34%。为害豇豆的主要病虫害有斜纹夜蛾、豇豆荚螟、小菜蛾、潜叶蛾、斑潜蝇、蓟马、蚜虫、螨类、小绿叶蝉、锈病、炭疽病、立枯病等，从苗期到采摘期均有发生，6月花期至采摘期为害为主。豇豆病虫害防治非常复杂、难以把握。2021年以来，针对豇豆主要病虫害发生特点及规律，初步形成了一套以生态调控、理化诱控、生物防治和科学安全用药为主的春豇豆病虫害绿色防控技术模式。

2. 技术措施

（1）播种前。选择品种，进行生态调控和种子处理等，预防种传病虫害，做好种植准备。

①根据豇豆用途（春豇豆以鲜食为主）、栽播条件（设施或露地）、气候条件等选择适合本地的抗（耐）性品种，主要品种为大东海、丰优205、小叶纳福等。

②与其他作物或蔬菜进行轮套作，主要有黄瓜-冬瓜-豇豆、

莴笋-豇豆、白菜-豇豆、花椰菜-豇豆等模式。

③做好种子处理，培育无病虫壮苗，采取药剂拌种、棚室育苗、穴盘育苗等方式。

④建大棚、滴灌、喷灌和水肥一体化等设施设备，每30亩安装1盏太阳能杀虫灯。

（2）播种期。重点进行土壤处理、覆膜和除草清园等，调节豇豆种植区域生态小气候（主要是温湿度），预防土传病害、地下害虫。

①通过人工或机械除草，深翻土壤后起高垄开沟，最后进行土壤处理：一是高温闷棚。利用春季气温回升快的特点，土壤灌水后施用复合肥或者腐熟粪肥，与土壤充分混合后覆灰黑双层可降解地膜，保持高温高湿状态10～15天。二是石灰消毒。每亩撒石灰氮40～80千克后混匀、铺地膜、灌水，土壤湿度在60%以上保持20天。三是生物菌剂处理。播种或定植前施用腐熟的有机肥或农家肥，然后撒施绿僵菌、白僵菌颗粒剂，定植后浇水。

②播种方式以直播为主，移栽为辅，种植密度为一穴双苗，窝距50厘米，行距80厘米，每垄两行种子。

（3）苗期。主要防治立枯病、猝倒病、地老虎和蚜虫等。

①每亩挂置20张可降解黄色诱虫板诱杀蚜虫、蓟马信息素诱虫板诱杀蓟马。喷施氨基寡糖素、超敏蛋白等免疫诱抗剂提高豇豆抗性。

②根据病虫害发生情况，选择金龟子绿僵菌CQMa421喷雾防治甜菜夜蛾、噻虫嗪防治蚜虫、甲氨基阿维菌素苯甲酸盐防治蓟马、腈菌唑防治锈病；枯草芽孢杆菌＋哈茨木霉菌灌根1次，或枯草芽孢杆菌灌根2次。

（4）伸蔓期。主要防治锈病、叶斑病、蚜虫、蓟马、叶蝉、潜叶蛾、斑潜蝇等病虫害和螨类，预防豇豆荚螟、斜纹夜蛾等。

①适时摘除病老黄叶带出种植地处理，"人"字形搭架或用蘸绿僵菌（白僵菌）的绳索牵蔓。

②每亩安装1套信息素光源诱捕器综合光诱、性诱和色板诱

杀，每亩挂置3套豇豆荚螟、斜纹夜蛾、甜菜夜蛾性诱捕器。

③根据病虫害发生情况，选择金龟子绿僵菌CQMa421或甜菜夜蛾核型多角体病毒喷雾防治甜菜夜蛾，噻虫嗪或吡虫啉·虫螨腈防治蚜虫，甲氨基阿维菌素苯甲酸盐或啶虫脒防治蓟马，寡雄腐霉菌或腈菌唑防治锈病、白粉病等，氯虫苯甲酰胺或高效氯氰菊酯防治豇豆荚螟。

（5）**开花结荚期**。主要防治锈病、蚜虫、蓟马、豇豆荚螟、斜纹夜蛾等病虫害和螨类。

①每亩投放捕食螨20袋（2 500头/袋）。

②喷施0.136%赤·吲乙·芸苔7 500倍液等植物生长调节剂保花保果。

③根据病虫害发生情况，选择金龟子绿僵菌CQMa421或甜菜夜蛾核型多角体病毒喷雾防治甜菜夜蛾等，噻虫嗪或吡虫啉·虫螨腈防治蚜虫，甲氨基阿维菌素苯甲酸盐或啶虫脒防治蓟马，寡雄腐霉菌或腈菌唑防治锈病、白粉病等，氯虫苯甲酰胺或高效氯氰菊酯防治豇豆荚螟。

（6）**采摘期**。主要防治锈病、蚜虫、蓟马、斜纹夜蛾等病虫害和螨类。

①综合应用灯光诱杀、色板诱杀和性信息素诱杀，视情况持续人工释放捕食螨、瓢虫等天敌。

②药剂防治优先混用金龟子绿僵菌CQMa421、甜菜夜蛾核型多角体病毒、寡雄腐霉菌等生物农药，若发生严重，选用氯虫苯甲酰胺、高效氯氰菊酯、腈菌唑等药剂应急防治。

3. 技术实施效果

（1）**病虫防治效果**。经调查，示范区内蓟马、蚜虫、斑潜蝇、豆荚螟、斜纹夜蛾等主要病虫害和叶螨等害螨防治效果有明显上升，平均防效达80%～90%，自防区防效仅65%～80%。大户设施管理到位，病虫害发生基数小、防治效果好、为害损失率低；部分散户种植露地豇豆，病虫识别防控技术缺乏，病虫害发生较重，防治效果差。

（2）**化学农药减量效果**。示范区内豇豆化学防治次数2～3次，较自防区减少2～4次，化学农药总施用量减少33.33%～66.67%。通过持续实施绿色防控，可逐步实现化学农药减量增效的目标。

（3）**提质增效情况**。

①经济效益。根据2023年技术模式应用统计计算，亩均绿色防控物资投入成本为1 000元，人工投入成本500元，设施设备投入成本2 000元，应急防控物资投入成本100元，总计亩均成本3 600元；示范区豇豆产量亩均3 000～4 000千克，品质好、价格略高，亩均收益14 000元，纯收益10 400元。非示范区亩均化学农药购买成本600元，人工成本200元，自建滴灌和搭架等成本400元，总计亩均成本1 200元；产量2 500～3 500千克，品相略差、价格略低，亩均收益10 500元，纯收益9 300元。示范区内亩均纯收益比非示范区高11.83%（表4-1）。

表4-1　经济效益对比

亩均成本（元）				亩均产量（千克）	亩均收益（元）	亩均纯收益（元）	亩均增减情况（%）
物资	人工	设施设备	应急物资				
示范区 1 000	500	2 000	100	3 500	14 000	10 400	11.83
自防区 600	200	400		3 000	10 500	9 300	

②生态效益。示范区内天敌种类和数量明显较多，主要有瓢虫、草蛉、蜘蛛、食蚜蝇和寄生蜂等，非示范区内偶见蜘蛛、食蚜蝇等，喷施化学农药对天敌昆虫影响较大。示范区内豇豆地留浅草，地边留显花植物或其他间套作开花蔬菜，为人工释放的天敌和自然天敌提供了补充食源和栖息地，美化了豇豆种植产地环境。

③农药残留检测情况。示范区内化学农药使用次数和总施用量减少，有效降低了豇豆上和生态环境中的农药残留。2023年

豇豆产品合格率显著提升，定量抽检豇豆样品51批次，合格率100%，快速检测豇豆样品691批次，合格率100%。

4. 注意事项

（1）杀虫灯和色板对中性昆虫和天敌杀伤力较大，调查发现诱到的益害比接近1∶1。应加强光波波段、色度精准度的研发，生产出精准诱杀害虫的产品。

（2）及时更换、补充或循环使用绿色防控物资。性信息素和生物天敌要及时使用，不用时需低温保存。

（撰写人：四川省农业农村厅植物保护站　胡镐；

射洪市农业农村局植保站　王慧）

四、湖南洞庭湖豇豆病虫害绿色防控技术模式

1. 基本概况　洞庭湖区（岳阳、益阳、常德三市）是湖南豇豆主产区之一，豇豆种植面积约占全省种植面积的1/4。南县位于洞庭湖区，豇豆种植面积约为1.3万亩，每年4月20日左右播种。豇豆主要病虫害包括煤霉病、炭疽病、锈病、白粉病、豇豆荚螟、斜纹夜蛾、蓟马、蚜虫、烟粉虱、跳甲等，其中以豇豆荚螟、斜纹夜蛾、炭疽病等病虫害抗药性较强，且豇豆荚螟又具有钻蛀性，防治尤为困难。为此，南县集成豇豆病虫害绿色防控技术，为洞庭湖区以及相似生态区豇豆种植提供技术支撑。

2. 技术措施

（1）农业防治。

①选用抗（耐）性品种。南县种植品种包括新杂8号、长龙100、真翠8号、长豇早秀、锦豇翡翠、长丰100等，每亩播种1.5 ~ 2千克。亩种植1 800 ~ 2 000株，大致行距80厘米，株距50厘米。

②轮作控害。豇豆与水稻、玉米等粮食类或叶菜类作物轮作倒茬，种植模式包括"豇豆＋一季晚稻""豇豆＋秋冬菜薹"。保持适宜豇豆种植的良性土壤环境，减少土传病虫为害。

③翻耕晒垡。播种前，深翻土壤30厘米，晾晒土壤5～7天。

④清洁田园。播种前后，及时清理残株、败叶、杂草、落花、落荚，集中深埋或堆沤处理。农药、肥料等包装废弃物和废弃农膜集中回收处理。

⑤覆膜控草。清洁田园后，播种前用厚度不低于0.01毫米的银黑农膜覆盖垄面，防虫控草，同时保持土壤温湿度适宜。

⑥防虫网防控。播种前使用40～60目防虫网遮盖，防止豇豆荚螟、蓟马、蚜虫等害虫入侵。

覆膜控草　　　　　　　　防虫网防控

⑦生态调控。在豇豆种植基地四周种植大豆、芝麻等显花植物，蓄养害虫天敌，调节田间生态。

⑧科学施肥。深沟高畦栽培，一般沟深30厘米以上，且纵横相通；如果土壤酸化较重，每亩用80～100千克生石灰中和；施足基肥，播种前亩施45%以上复合肥40千克，适量增施磷、钾肥，多施有机肥和菌肥；第一节花序坐果后，补充1次硼、锌、铁等元素；选择在苗期、花芽分化期、结荚期喷施1～2次磷酸二氢钾或芸苔素内酯等叶面肥或植物生长调节剂。

（2）**理化诱控**。

①诱虫板诱控。悬挂全降解蓝色诱虫板或蓝色诱虫板+蓟马信息素诱杀蓟马，悬挂全降解黄色诱虫板诱杀蚜虫、跳甲、斑潜蝇、粉虱等成虫，每亩悬挂30～40张。根据豇豆生长期调整诱

诱虫板诱控

杀虫灯诱控

昆虫性信息素诱控

虫板高度，苗期高出植株顶部15～20厘米，生长中后期悬挂在植株中上部。

②杀虫灯诱控。连片种植的露地豇豆，架设风吸式太阳能杀虫灯诱杀斜纹夜蛾、豇豆荚螟等鳞翅目害虫和蝼蛄等地下害虫，成虫发生期开灯，每20～30亩架设一盏杀虫灯。

③昆虫性信息素诱控。连片种植的露地豇豆，安装斜纹夜蛾、甜菜夜蛾等性信息素诱捕器诱杀成虫。根据豇豆生长期调整诱捕器进虫口的高度，苗期高出植株顶部15～20厘米，生长中后期高出地面1～1.5米。斜纹夜蛾、甜菜夜蛾平均每亩安装2套。

（3）科学用药。

①种子处理。防治豇豆幼苗期种传、土传病害，地下害虫以及蚜虫、蓟马等，选用吡虫啉悬浮种衣剂或噻虫嗪悬浮种衣剂复配吡萘·嘧菌酯悬浮剂拌种，晾干6～8小时后播种。

②苗期防治。4月下旬至5月上中旬，防治跳甲、小地老虎，预防立枯病、根腐病等。防治跳甲、小地老虎选用金龟子绿僵菌CQMa421、甲氨基阿维菌素苯甲酸盐或高效氯氟氰菊酯。防治立枯病、根腐病选用枯草芽孢杆菌。以上药剂兑水于傍晚喷雾，包

括叶、茎及根系周围土壤喷透。

③伸蔓期防治。5月中下旬至6月上中旬，防治豇豆煤霉病、锈病、蓟马、蚜虫、烟粉虱，兼治斜纹夜蛾、豇豆荚螟等。防治豇豆煤霉病、锈病，选用腈菌唑、苯醚甲环唑或戊唑·嘧菌酯；防治蓟马、蚜虫、烟粉虱，选用金龟子绿僵菌CQMa421、苦参碱或溴氰虫酰胺；防治豇豆荚螟、斜纹夜蛾，选用金龟子绿僵菌CQMa421、氯虫苯甲酰胺或甲氨基阿维菌素苯甲酸盐。以上药剂兑水喷于叶片正反两面。如果豇豆煤霉病、锈病发生较重，应于7～10天后再防治一次。

④开花结荚期防治。6月中下旬至7月上中旬，防治煤霉病、炭疽病、白粉病、豇豆荚螟、斜纹夜蛾、蓟马、蚜虫等。防治煤霉病、炭疽病、白粉病，选用蛇床子素、苯甲·嘧菌酯或氟菌·肟菌酯；防治豇豆荚螟、斜纹夜蛾，选用苏云金杆菌或乙基多杀菌素；防治蓟马、蚜虫，选用金龟子绿僵菌、噻虫嗪或甲氨基阿维菌素苯甲酸盐。以上药剂兑水于始花期和盛花嫩荚期于早晨或傍晚各防治一次。

⑤采摘期防治（挑治）。7月上旬至8月上旬，防治煤霉病、炭疽病、白粉病、豇豆荚螟、斜纹夜蛾等。防治煤霉病、炭疽病、白粉病，选用蛇床子素、苯甲·嘧菌酯或氟菌·肟菌酯；防治豇豆荚螟、斜纹夜蛾，选用苏云金杆菌或乙基多杀菌素。以上药剂根据病虫害发生实际选择早晨或傍晚进行挑治，挑治处做好标识，严守安全间隔期采收上市。

3.技术实施效果

（1）**化学农药减量效果**。示范区每隔15天防治1次病虫害，比一般农户减少2～3次防治，平均每亩减少化学农药商品量80～120克。

（2）**增产增效**。豇豆产量常规为每亩2750千克，示范区每亩产量可达3000千克，亩增产250千克，按市价2.2元/千克计算，亩增加产值550元；每亩减少人工施药成本20～30元，减少农药成本70～150元。每亩合计节本增效平均640～730元。

（3）**生物多样性指数增加**。示范区保护了蜘蛛、蜻蜓、草蛉、瓢虫等天敌，其数量明显增加，害虫天敌增长10%～15%。

（4）**农残检测合格率**。2023年6—7月豇豆上市期，南县共接受各级豇豆农残检测74批次，包括示范区和非示范区，豇豆农残检测合格率达到100%。

4. 注意事项

（1）金龟子绿僵菌、苏云金杆菌等生物农药不要与化学杀菌剂同时使用，且应提前到害虫产卵高峰期施药。

（2）防治豇豆荚螟、斜纹夜蛾等抗性较强害虫，应适当混配有机硅等助剂，提高防治效果，且应提前到卵孵盛期施药。

（3）豇豆进入收获期后，应先采收后施药，严格遵守农药安全间隔期。

（撰写人：南县植保植检站　孙树青）

五、安徽铜陵露地豇豆病虫害绿色防控技术模式

1. 基本概况　铜陵市位于安徽省中南部、长江下游南岸，主要以夏季露地种植豇豆为主。该地区豇豆生产中病虫害种类多，且为害重，主要害虫有蓟马、斑潜蝇、豇豆荚螟、烟粉虱、蚜虫、红蜘蛛等，主要病害有炭疽病、轮纹病、白粉病、根腐病、锈病、病毒病等。在病虫害防治上存在打保险药、加大用药量等盲目用药现象。2022年和2023年，在安徽省铜陵市义安区钟鸣镇牡东村铜陵市牡东农业专业合作社豇豆种植地块开展豇豆病虫害全程绿色防控技术田间示范与集成。

2. 技术措施

（1）**播种前**。

①农业防治。播种前，彻底清理田园，深翻土地30厘米，晾晒土地5～7天，使蓟马、斑潜蝇、豇豆荚螟、地老虎的蛹暴露于地表而死亡。施用足够的有机肥或腐熟农家肥。结合整地施肥，施用金龟子绿僵菌颗粒剂＋甘蓝夜蛾核型多角体病毒，按照1∶10

（药∶土）拌土进行土壤处理，预防地老虎、蛴螬等地下害虫或在地下孵化的蓟马等害虫；施用含有枯草芽孢杆菌、解淀粉芽孢杆菌的菌肥处理土壤，预防根腐病、枯萎病等土传病害。

②培育健康种苗。选择沃豇11等抗（耐）性强的品种，于6月25日左右播种，深沟高畦栽培，出苗后及时间苗和补苗，亩定植6 500株。

③地膜覆盖。选用可降解银黑双色地膜进行覆盖，防止蓟马、斑潜蝇等落土化蛹或阻止土中害虫蛹羽化，银色朝上驱避蓟马、蚜虫等害虫，黑色朝下防治杂草，四周用土封严盖实。

（2）**苗期**。苗期开始，选用枯草芽孢杆菌、地衣芽孢杆菌、多黏类芽孢杆菌进行喷淋灌根，防控土传病害。

（3）**伸蔓期至开花结荚期**。

①加强控水、通风。科学管理水肥；豇豆生长中后期，及时疏除植株下部过密枝叶，改善豇豆通风透光条件。

②生长调节剂的使用。在初花期和初果期分别喷施氨基寡糖素，加超敏蛋白免疫诱抗剂，防控病毒病、保花保果，提高豇豆抗病性。

③理化诱控。悬挂黄色诱虫板诱杀斑潜蝇、粉虱、蚜虫等成虫，悬挂蓝色诱虫板或蓝色诱虫板+蓟马信息素诱杀蓟马，每亩悬挂30张。安装豇豆荚螟性信息素诱捕器诱杀成虫，每3亩放置1个；采用交配干扰技术，田间设置豇豆荚螟性信息素智能化超

银黑双色地膜覆盖及黄色、蓝色诱虫板诱杀

剂量喷雾释放器，每5亩放置1个。

④ 灯光诱杀。每30亩安装一台太阳能杀虫灯，诱杀豆荚螟、斜纹夜蛾、甜菜夜蛾等鳞翅目害虫。

⑤ 生物防治。初花期和结荚期分别喷施枯草芽孢杆菌、白僵菌，2次施药间隔7天。每亩使用金龟子绿僵菌

交配干扰技术

CQMa421可分散油悬浮剂60毫升。

⑥ 化学防治。防治豆荚螟、蓟马，每亩使用25%乙基多杀菌素水分散粒剂12克，使用2次，2次施药间隔7天。

（4）采摘期。 选用生物防治措施以及安全间隔期3天以内的药剂防治病虫害。防治害虫每亩使用180亿孢子/毫升金龟子绿僵菌CQMa421可分散油悬浮剂80毫升、8 000国际单位/毫克苏云金杆菌200克。防控白粉病、炭疽病等每亩使用1%蛇床子素水乳剂200毫升。

3. 技术实施效果

（1）农药减施和病虫害防治效果。 与常规种植相比较，病虫害绿色防控技术集成示范区化学农药使用量减少35.8%以上，使用次数减少2～3次，防控效果达到89.7%。

（2）提质增效情况。 豇豆生产成本每亩3 000元左右，包含种子、农药、肥料、人工及杀虫灯、黄蓝板、银黑地膜等绿色防控物资，示范区豇豆亩产约2 000千克，单价6元/千克，产值达到12 000元。对照田块亩成本约2 800元，产量约1 500千克，单价4.6元/千克，产值6 900元。

4. 注意事项
生防制剂在病虫害发生早期可以发挥较好的预防及控制作用，而豇豆病虫害发生类型多样，且很容易暴发成灾，应加强病虫害的预测预报及早期病虫害的监测预警，避免病虫害

出现暴发式增长。生物农药及植物源农药要控制使用次数。

（撰写人：安徽省植物保护学会　赵伟；

安徽省植物保护总站　邱坤；

义安区植保站　朱红军）

六、江苏东台大棚豇豆绿色防控技术模式

1.基本概况　江苏省东台市豇豆种植方式以春、秋设施栽培和夏季露地栽培为主，上市期为5—10月。2023年豇豆绿色防控示范区位于东台市安丰镇联合村，主要种植品种为翠绿2号，搭配种植翠绿宝石，种植模式为设施大棚吊蔓立体种植。开展绿色防控示范区建设以前，该基地病虫害防治存在蓟马等病虫害防控难度大、防效不理想、防治手段单一依靠化学防治等诸多问题。示范区采用"轮作换茬＋高温闷棚＋穴盘基质育苗＋银黑双色地膜＋防虫网阻隔＋色板诱杀＋性信息素诱杀干扰＋食诱剂诱杀＋科学用药"的技术模式，形成豇豆病虫害全程绿色防控技术模式。

2.技术措施

（1）**播种前**。采取轮作换茬＋高温闷棚＋防虫网阻隔措施。选择前茬非豆类的田块，最好是水旱轮作田块，减轻连作障碍，有效发挥轮作换茬控制病虫害的作用。夏季空茬期彻底清洁大棚并进行高温闷棚，通风口、进出口覆盖防虫网，阻隔夜蛾类、蚜虫、烟粉虱等害虫进入。

（2）**播种期**。采取种子处理＋穴盘基质育苗措施。选择抗性品种，采用温汤浸种、药剂拌种等对种子进行消毒。采取穴盘基质育苗，可有效控制土传及其他病害，培育健壮苗，增强抗病能力。

（3）**苗期至开花结荚期**。

①理化诱控。采用高畦栽培，膜下水肥一体化滴灌，及时通风降湿，保持田间通风透光。定植前田间覆盖银色地膜，控制杂草，驱避蚜虫，阻止蓟马、斑潜蝇等害虫入土化蛹。色板诱杀，每亩悬挂商品色（黄、蓝）板20～30块，前期高度以色板底端高

出豇豆10～15厘米、中后期以植株中上部（离地面1.5米左右）为宜，蓝板上配合蓟马信息素，诱杀蓟马、蚜虫、烟粉虱、斑潜蝇等成虫，压低发生基数。针对豇豆荚螟、斜纹夜蛾、甜菜夜蛾使用性信息素迷向产品，每个大棚放置30根或者1套喷射迷向装置，干扰交配，压低虫量。

防虫网、地膜覆盖及色板应用

夜蛾类害虫性诱捕器

②科学用药。病害防治，在病虫发生初期及早进行药剂防治，选用氟菌·肟菌酯或苯甲·嘧菌酯等防治炭疽病等病害。蚜虫防治，可选用苦参碱或双丙环虫酯。蓟马、美洲斑潜蝇防治，选用溴氰虫酰胺、乙基多杀菌素或多杀霉素，兼治甜菜夜蛾、棉铃虫、豇豆荚螟等。在防治蓟马时，添加蓟马食诱剂可以显著提高防治效果。

（4）采摘期。严格执行农药标签所标注的安全间隔期，尽量选用生物防治措施和安全间隔期3天以内的药剂进行防治，可选用溴氰虫酰胺、乙基多杀菌素或多杀霉素等药剂防治蓟马、美洲斑潜蝇，兼治甜菜夜蛾、棉铃虫、豇豆荚螟等。

3.技术实施效果

（1）病虫防控效果。示范区使用该绿色防控技术模式后，蚜虫、蓟马、灰霉病、轮纹病等病虫前期发生明显减轻，蚜虫、蓟马及病害发生防治时间推迟10天以上。蓟马、斑潜蝇、灰霉病、煤霉病、白粉病等关键病虫害防治效果95%以上，棉铃虫、豇豆荚螟、甜菜夜蛾防效90%以上，轮纹病防效85%以上，总体防治效果90%以上。

（2）**农药减施效果**。示范区实际用药3次，每亩折算化学农药纯品用量为189.4克，对照区（同期普通大棚豇豆农户）实际用药5次，每亩折算化学农药纯品用量为334.35克，示范区化学农药使用次数减少2次，使用量减少43.35%。

（3）**提质增效情况**。示范区产量为每亩1 550千克，与对照区单产1 510千克相比增加了2.65%，每亩销售收入5 425元，比对照区每亩5 010元增加了415元，每亩用药成本141.5元，比对照区节约了28.5元，色板、诱捕器、防虫网等其他绿色防控措施每亩多投入180元，合计每亩多收益263.5元，增幅为5.4%。同时，示范区豇豆多次农药残留检测均未超标，全市大面积豇豆定点检测也全部合格。

4.**注意事项**　应选择登记在豇豆上的药剂进行使用，农药使用应注意安全间隔期和每季豇豆最多使用次数，不得随意增加药剂使用量。苗期和伸蔓期可以使用安全间隔期超过7天的药剂，但开花结荚期和采摘期尽量使用非化学防治措施压减病虫基数，减少用药次数，必须防治的选择安全间隔期不超过3天的药剂，且先采收后施药，农药安全间隔期内不采收，确保农产品质量安全。

（撰写人：东台市植保植检站　林双喜；
江苏省植保植检站　褚姝频）

第三节　黄淮海温带种植区域技术模式

黄淮海温带种植区域主要分布在辽宁、北京、天津、河北、山东、河南及安徽中北部、江苏北部地区。以早春塑料大棚为主，豇豆集中在4—6月上市。还有少量的日光温室栽培，豇豆2月上市。

一、安徽阜阳设施豇豆病虫害绿色防控技术模式

1.**基本概况**　安徽阜阳豇豆种植以小农户零星种植为主，栽培时间在3月至8月中下旬，种植模式包括早春大棚设施种植和

夏季露地种植。该地区豇豆主要病虫害为病毒病、轮纹病、斑潜蝇、豆荚螟和蓟马等。在病虫害防治上存在打保险药、加大用药量、增加施药次数等盲目用药现象。2023年，在阜阳市颍州区开展设施大棚豇豆病虫害全程绿色防控技术田间示范，采取"预防为主，综合防控"的防控策略，综合利用农业措施健身栽培提高抗病性，利用物理防控措施减少田间病虫害基数，充分发挥生物防治作用控制病虫害数量。同时使用诱抗剂提高豇豆抗病性，必要时，再配合高效低毒低残留化学药剂将病虫害控制在经济阈值以内。

2.技术措施

（1）播种期。

①高温闷棚。在夏季换茬间隙，使用石灰氮高温闷棚杀灭田间病虫害。石灰氮高温闷棚选择在持续高温晴朗天气进行，清理棚内残枝，每亩先在土壤表面均匀撒上50千克的石灰氮，同时撒施2 000千克牛粪和饼肥，深翻整地，覆膜，再在晴天上午快速灌水，使土壤含水量达到饱和状态，保持大棚棚膜全覆盖，四周压实，保持密封状态，持续20天以上，然后揭膜、开棚、晾晒5天，分别撒施10亿孢子/克金龟子绿僵菌颗粒剂10千克，含有枯草芽孢杆菌、解淀粉芽孢杆菌的菌肥50千克，处理土壤，耙平做畦后即可种植。

高温闷棚

②培育健康种苗。选择优良、抗（耐）性强的品种黑眉八号；高畦栽培；保持适宜的豇豆种植密度，出苗后及时间苗和补苗，亩定植5 500株。

③地膜覆盖。使用可降解银黑双色地膜进行周边覆盖，银色朝上驱避蓟马、蚜虫等害虫，防止蓟马、斑潜蝇等落土化蛹或阻

止土中害虫蛹羽化，黑色朝下防治杂草，四周用土封严盖实。

（2）**苗期。**

①温室大棚在通风口和四周设60～80目防虫网，大棚入口的位置设置两道防虫网，阻隔蓟马、斑潜蝇、烟粉虱等害虫。使用金龟子绿僵菌CQMa421防控蓟马。

设施大棚使用色板

②苗期开始悬挂黄、蓝板，诱杀蚜虫、飞虱、蓟马和潜叶蝇等害虫，悬挂高度为1.5～1.8米，悬挂密度为每亩20～30块，每15～20天更换一次。

（3）**伸蔓期至开花结荚期。**

①加强控水、通风。科学管理水分，排涝控水；及时疏除植株下部过密枝叶，改善豇豆通风透光条件。

②使用免疫诱抗剂。喷施免疫诱抗剂寡糖·链蛋白。

③生物防治。喷施枯草芽孢杆菌、多黏类芽孢杆菌，施药间隔期7天。

④化学防治。防治豇豆荚螟、蓟马使用乙基多杀菌素；防控蓟马、蚜虫等使用苦参碱。

（4）**采摘期。**选用生物防治措施以及安全间隔期3天以内的药剂防治病虫害。防治害虫使用金龟子绿僵菌CQMa421、苏云金杆菌，10～12天用药一次。防控白粉病、炭疽病等使用蛇床子素。

3. 技术实施效果

（1）**病虫防治效果。**常规种植区病虫害整体防控效果为71.8%，绿色防控技术集成示范区病虫害整体防控效果达到89.6%，提高17.8%。

（2）**农药减施效果。**和常规种植相比，病虫害绿色防控技术集成示范区化学农药使用量减少60%以上，防控次数减少3～4

次，农药残留检测合格率达到 100%。辐射带动面积800亩以上，农药残留检测合格率达到95%以上。

（3）**提质增效效果。** 阜阳市颍州区培训指导农民80余人次，户均年增收1 800元。示范区豇豆生产成本每亩4 000元左右，包含种子、农药、肥料、人工及杀虫灯、黄蓝板、银黑地膜等绿色防控物资，示范区豇豆亩产约2 250千克，单价5元/千克，产值达到11 250元。常规种植区生产成本每亩3 400元左右，亩产约1 800千克，单价4元/千克，产值7 200元。绿色防控示范提高产值56.2%。

4. 注意事项 生防制剂在病虫害发生早期可以发挥较好的预防及控制作用，而豇豆病虫害发生类型多样，且很容易暴发成灾，应加强病虫害的预测预报及早期监测预警，避免病虫害出现暴发式增长。生物农药及植物源农药要控制使用次数。选用的化学农药必须登记在豇豆上，且按照说明书严格控制使用次数，严格遵守安全间隔期，采摘期使用安全间隔期3天以内的药剂防治病虫害。

（撰写人：安徽省植物保护学会　赵伟；

安徽省植物保护总站　邱坤；

颍州区植保站　曹翔翔）

二、山东莘县设施豇豆病虫害全程绿色防控技术模式

1. 基本概况 在山东莘县妹冢镇开展豇豆病虫害全程绿色防控技术模式示范，示范面积10亩，集成了土壤微生态调控防控根腐病等土传病害技术，多种天敌融合绿僵菌、白僵菌协同防控蚜虫、粉虱、蓟马、叶螨技术，蓟马引诱剂理化诱控技术，枯草芽孢杆菌、木霉菌、四霉素等生防菌剂防控锈病、灰霉病技术，氟吡呋喃酮、螺虫乙酯应急精准防控害虫技术。该技术模式在豇豆生育期全程协调应用了生态调控、生物防治、理化诱控等绿色防控技术，在田间形成稳定良好的生态系统，有效控制豇豆各种病虫害发生，实现化学农药替代，保障豇豆的安全生产。

2. 技术措施

（1）生态调控。

①清洁田园。及时清理残株、败叶、杂草等，并进行堆沤等无害化处理。

②翻耕晒垡。播种前，深翻土地30厘米以上，再晾晒5～7天。

③施用微生物菌肥。定植时随水冲施木霉菌、绿僵菌，直播田播种前整地时撒施木霉菌肥，预防根部病害和蓟马等害虫。

④种植功能植物。在棚室内外种植蛇床草、白三叶、波斯菊等栖境植物，增加对瓢虫、草蛉、食蚜蝇、姬蜂等天敌诱集招引，控制豇豆害虫暴发。

（2）生物防治。

①释放天敌昆虫。在棚室内蔬菜定植7～10天或初见害虫时就要释放天敌昆虫。每亩释放丽蚜小蜂2 000头防治粉虱类害虫，食蚜瘿蚊400头防治蚜虫，东亚小花蝽500头防治蓟马类害虫，智利小植绥螨9 000～15 000头防治叶螨类。

释放小花蝽防治蓟马

②使用生物制剂。定植前，木霉菌、绿僵菌、枯草芽孢杆菌等微生物菌剂撒施后旋耕混匀，或随定植水冲施，预防根部病害和蓟马等害虫。苗期开始，枯草芽孢杆菌、短稳杆菌、绿僵菌混

合喷雾，兼治豇豆叶部病害和斑潜蝇等害虫。

（3）**理化诱控**。

①在棚室门口和通风口处安装60目银灰色防虫网。

②使用蓟马引诱剂结合绿僵菌、白僵菌等诱杀蓟马；安装斜纹夜蛾、豆荚螟等性信息素诱捕器诱杀成虫。

③覆盖黑色或银黑双色地膜，银色朝上、黑色朝下。优先选用可降解膜。

防虫网＋地膜覆盖

（4）**科学用药**。

①豇豆害虫发生重、基数大时，选用氟吡呋喃酮＋螺虫乙酯等高效低毒且对天敌昆虫安全的化学药剂防治一遍，降低害虫基数后释放天敌昆虫防治。

②喷施氨基寡糖素提高植株抗病能力。

③嘧啶核苷类抗菌素喷雾防治锈病。

3. 技术实施效果

（1）**病虫害防治效果**。设施豇豆示范区，相较于常规对照区，主要病虫害相对防效分别为：蓟马47.95%，斑潜蝇39%，锈病13.95%，灰霉病12.12%，示范棚和化学防治对照棚均未发现豆荚螟和根腐病为害。

（2）**农药减施效果**。设施豇豆病虫害全程绿色防控技术，以微生物菌剂替代化学杀菌剂，以天敌昆虫和微生物菌剂完全替代化学杀虫剂，除豇豆灰霉病发生时使用腐霉利烟剂熏棚外，基本实现化学药剂全替代，减施化学农药90%以上。

（3）**提质增效情况**。示范棚亩产2 750千克，对照棚亩产2 300千克，平均每亩产值增加3 600元，每亩净收入增加2 000元，经济效益显著。通过举办培训班、现场观摩，培训全省近百位植保技术人员和种植者。全程绿色防控技术生产的豇豆质量安全、零农残，社会效益显著。

4. **注意事项**　释放天敌防治害虫应抓住关键防治期，初见害虫时释放天敌，选择在16:00以后释放。释放天敌以后切忌使用化学杀虫剂，以免杀灭天敌昆虫，影响害虫防治成效。生物菌剂应选择在傍晚或阴天时施用。

（撰写人：山东省农业技术推广中心　孙作文　孟璐璐；
莘县农业技术推广中心　成文华）

三、北京市大棚豇豆病虫害全程绿色防控技术模式

1. **基本概况**　北京市豇豆种植50%以上为大棚种植，一般4月上旬播种或移栽定植，6月上旬开始采收，8月下旬采收结束。生产中比较常见的病虫害有锈病、炭疽病、病毒病、斑潜蝇、蚜虫、甜菜夜蛾、叶螨等。病虫害防治主要问题是重治不重防，预防性措施少，综合防治措施不到位，偏依赖化学防治；化学防治中存在科学用药水平不高、合法登记药剂购买不方便等问题。

2. **技术措施**

（1）**产前预防措施**。

①田园清洁。生产前清除菜田及周边杂草、植株残体等废弃物，带至田外集中无害化处理。

②轮作。避免同块田连茬种植豇豆，积极与葱蒜类等非豆科作物轮作。

③棚室消毒。采用高温闷棚，确保棚内温度达到46℃以上，闷棚2小时以上。也可在定植前清除棚内杂草和植株残体，采用甲氨基阿维菌素苯甲酸盐和氟菌·肟菌酯等广谱杀虫杀菌剂喷雾后密闭棚室进行消毒。

（2）**培育无病虫壮苗**。

①抗（耐）病品种。选择长青101、长青102、丰产王、豇豆98-21等早中熟、抗病抗逆性强的优良品种。

②种子消毒。播种前用45℃温水浸种10分钟。

③起垄栽培。起高垄，垄高20～30厘米，覆黑色地膜栽培。

④微生物菌剂。每次浇水，随水灌施哈茨木霉、枯草芽孢杆菌、寡雄腐霉等微生物菌剂。

（3）产中综合防控措施。

①农业防治。适当稀植；生产期应及时摘除病叶、老叶、病果，清除田间病株，带至田外集中无害化处理；及时绕蔓，疏剪侧蔓，保持田间植株通风透光性；疏通菜田沟渠，利于排灌。

及时绕蔓

②理化诱控。大棚种植采用遮阳网覆盖，放风口和门口使用40 ～ 60目防虫网覆盖，棚室周围覆盖园艺地布防草。出苗后或定植后应悬挂黄色、蓝色诱虫板监测害虫发生动态，每亩各挂设3块。害虫发生后，均匀悬挂色板诱杀害虫，悬挂密度为每亩20块（规格30厘米×40厘米）或30块（规格25厘米×30厘米）。

棚内行间覆盖园艺地布防草

棚间覆盖园艺地布控草

③天敌防治。采用天敌防治豇豆害虫，勤观察，发现害虫后早期释放天敌。防治蚜虫可选择异色瓢虫，天敌与蚜虫的比例应达到1∶60～1∶30，14天后视情况再释放一次。防治叶螨可选择捕食螨，发生初期，释放智利小植绥螨15～30头/米^2；发生中后期，先摘除下部叶片，再释放捕食螨，巴氏新小绥螨40头/米^{2}或智利小植绥螨30～50头/米^2，每隔10～15天释放一次。

④科学用药。及时发现病虫，准确诊断，选用登记药剂防治病虫，优先选用生物农药和复配药剂。防治锈病优先选用吡萘·嘧菌酯、硫磺·锰锌、噻呋·吡唑酯等药剂。防治炭疽病一般发病前或者发病初期用药，可选制剂有氟菌·肟菌酯和苯甲·嘧菌酯。防治蚜虫可选用苦参碱、阿维·氟啶、双丙环虫酯或溴氰虫酰胺。防治斑潜蝇可选乙基多杀菌素或溴氰虫酰胺。防治甜菜夜蛾可选择金龟子绿僵菌CQMa421。准确计算用药量，配制药剂要精准。施药前先打去重病叶或者虫量过大的叶片、枝条，带出棚室集中无害化处理。采收期施药之前还要完成豆角的集中采收。多次施药时坚持轮换使用药剂，不超量用药，严格执行农药安全间隔期，不提前采收豇豆。所有用药都详细记录。

（4）**产后残体无害化处理。**豇豆田完成收获后，应该及时拉秧罢园。罢园后棚室保持密闭5～7天，或者喷施广谱杀虫杀菌剂进行棚室消毒。清理出来的植株残体应及时带离蔬菜园区，集中堆放，并尽快进行无害化处理。

3. 技术实施效果

（1）**病虫害防治效果。**示范点的豇豆病虫害发生较对照田块出现晚、总体偏轻，中后期斑潜蝇发生略普遍，部分地块中度发生，锈病、甜菜夜蛾、叶螨等偶有轻发生，斑潜蝇的化学防治平均防效90%以上。

（2）**农药减施效果。**与对照田块相比，示范点平均减少化学农药使用次数2～3次，减少化学农药用量40%以上。

（3）**提质增效情况。**对照棚豇豆采收期一般40天左右，示范棚豇豆采收期延长7～10天。对照棚豇豆平均产量每亩1 300千克，示范棚平均产量每亩1 500千克，平均增产约15%，折算地头价8元/千克，亩增收1 600元。示范棚管理更为精细，采收期延长，增加用工4个，折算市场价600元左右。示范棚较对照棚多投入的防虫网等植保物资折价平均每亩增加约400元。其他成本基本一致，总体算下来，每亩增收约600元。示范棚及其周边生物多样性良好，未补充天敌情况下可见少量蚜茧蜂、异色瓢虫、七星瓢虫以及甜菜夜蛾白僵菌虫尸。示范棚的豇豆农药残留合格率达到100%。

4. 注意事项　在有机生产田，不采用化学农药，豇豆采收期视中后期田间病虫害发生情况适当缩短。

（撰写人：北京市植物保护站　胡彬）

四、冀西北高寒地区豇豆病虫害绿色防控技术模式

1. 基本概况　张家口市沽源县属于冀西北高寒地区，大部分区域土壤弱碱性，富含硒，气候冷凉，给予了蔬菜得天独厚的生长环境。再加上远离工业污染，水源洁净，这里出产的豇豆等蔬菜品质极佳，绿色安全，构建起百里架豆产业带，成为北方最大的架豆产区，有力带动了群众增收致富。目前，全县豇豆种植面积达2万亩，亩均产量2.5吨，全部销往京津冀鲁等地，带动种植

豇豆示范区俯视图

户人均增收千余元。豇豆种植模式以夏季露地和大棚栽培为主，大棚栽培比露地栽培晚播种1个月，错峰收获，增加收益。由于冀西北高寒区平均气温较低，豇豆病虫害发生较少，常见的病害有炭疽病、锈病等，虫害有蓟马、斑潜蝇等。

2. 技术措施

（1）**选择优良品种**。由于冀西北高寒区平均气温较低，露地豇豆应选择耐低温，并且抗病虫害、丰产、优质的品种。

（2）**整地施肥**。

①地块选择。选择有机质丰富，土层深厚肥沃，土壤疏松，地势平坦，具有良好的排水和灌溉系统，pH呈中性偏碱的壤性土，3年内未种植过豆科作物的土地最佳。

②整地施肥。冀西北坝上地区天气较寒冷，一般在4月底至5月初土壤化冻后进行整地，再将土壤进行深翻，打细耙平。结合深翻整地每亩施腐熟有机肥4 000 ~ 5 000千克，三元复合肥（18-18-18）25 ~ 35千克。

③起垄覆膜。采用起垄覆膜机，一次性完成起垄、覆膜以及滴灌带铺设。垄宽50厘米，垄高15 ~ 20厘米，垄与垄之间沟宽50厘米。滴灌采用16毫米的薄壁滴灌带，并在输水管道安装水表。采用80厘米宽、0.08毫米厚的地膜，拉紧，周围用土盖严。

（3）**适时播种**。

①露地直播适宜播种时期在5月下旬至6月上旬，大棚晚播种1个月。播种前仔细选种，选择大而饱满，无病虫害、无破损的完整种子。露地直播时，采用大小行的种植方式，大行的距离为80厘米，小行的距离为20厘米。播种前一天浇足底水，穴距30厘米，行距20厘米，破膜挖穴，每穴2粒种子，覆土3厘米，拍实。豇豆忌种植过密，否则植株易徒长，落花落荚严重，甚至不结荚。

②播种或定植前，对土传病害较重的地块，选用木霉菌、芽孢杆菌等微生物菌剂进行土壤处理，发病初期，选用枯草芽孢杆菌、多黏类芽孢杆菌、寡雄腐霉菌等微生物菌剂进行灌根。防治蓟马，可在播种前用噻虫嗪种子处理悬浮剂进行拌种。

（4）**苗期管理**。播种后7天左右注意观察豇豆发芽情况，有长到地膜下的苗及时放苗，防止地膜高温烫伤苗，放苗选择早晨或太阳落山时进行。当2片真叶平展时，发现有病弱苗、空缺苗及时补苗，补苗时，先在挖好的补植穴内浇满水，待水渗下去后放入移栽苗，覆土压实，后期注意观察补苗的成活情况。

（5）**伸蔓期至开花结荚期管理**。

①搭架前用多菌灵和甲基硫菌灵混匀后喷洒竹竿，将喷好的竹竿堆起，用塑料薄膜盖住备用。在豇豆开始抽蔓时进行搭架，在植株根部5～10厘米处用粗1.5厘米、长2.0～2.5米的竹竿搭金字塔形架，将3～4根竹竿用绳在2米左右捆扎在一起，两架间绑一横杆。将架豆引蔓上架并用绳固定在架上，引蔓要在晴天下午豆蔓晒蔫后进行，不要在雨天或早晨进行，以防折断。

②伸蔓期重点补施氮肥，加强根瘤菌固氮能力，促进侧蔓花芽分化，一般每亩地追施尿素10千克，追肥后轻浇1次水。伸蔓末期适当控制浇水，做到干花湿荚。开花结荚期的施肥原则为重氮、高磷、少钾，即适当多施磷肥以增加开花结荚数量，控制钾肥用量以免鼓荚。

③豇豆主蔓30厘米长时（伸蔓期）进行吊绳引蔓；现蕾开花后，打掉第一花序以下的侧枝；结荚后期及时摘除植株下部的老叶、黄叶、病蔓，以改善田间通风透光条件，促进侧枝再生和潜伏芽开花结荚。豇豆生长期间，如发现有豆荚早衰或不开花，应及时追肥、蔓藤打顶，使主蔓营养流向侧蔓，促进侧蔓结荚，提高产量。

④病害主要防治炭疽病、锈病等。防治炭疽病，发病初期喷洒氟菌·肟菌酯、苯甲·嘧菌酯，间隔7～10天喷1次，连喷2～3次。防治锈病，发病初期喷洒硫磺·锰锌、戊唑·嘧菌酯、硫磺·锰锌、吡萘·嘧菌酯、苯醚·丙环唑、唑醚·锰锌、腈菌唑、噻呋·吡唑酯，间隔7～10天喷1次，连喷2～3次。

⑤虫害主要防治蓟马。在距离地面1.5米处悬挂粘虫蓝板或蓝板+蓟马信息素，每亩地悬挂20～30张。也可选除虫菊素或金龟子绿僵菌进行喷雾防治。

黄板防治斑潜蝇

蓝板防治蓟马

（6）**采摘期管理**。豇豆一般出苗后60～70天即可开始采收嫩荚。开花后10～12天豆荚可达到商品成熟，以荚果饱满柔软、种粒处微鼓为宜，及时采收上市。一般情况下每3～5天采收1次，在结荚高峰期可隔天采收1次。采收后及时追肥，以促进嫩荚成熟和保障植株营养。

3. **技术实施效果**

（1）**病虫防治效果**。与常规防治区比较，示范区苗期病害和地下害虫防效提高11%，炭疽病防效提高12.12%，锈病防效提高13.95%。示范区减施化学农药90%以上。

（2）**提质增效情况**。产量调查显示，示范区亩产量为2 750千克，对照区亩产量为2 500千克，增产10%；示范区亩投入600元，较对照区亩增加投入300元；示范区平均亩产值增加3 100元，纯收入增加1 800元。示范区豇豆质量安全，经济、生态、社会效益显著。

4. **注意事项**　药剂喷施应选择在早晨或傍晚时进行。

（撰写人：张家口市植物保护植物检疫站　邵蕾；

河北省植保植检总站　张星璨　张永亮）

五、冀中南地区豇豆病虫害绿色防控技术模式

1. **基本概况**　石家庄市栾城区西营乡有种植豇豆的习惯，是当地农民重要的收入来源，多为小农户分散种植。种植分为春茬

和秋茬，春茬在3月下旬至4月上旬地膜加盖小拱棚直播，6月上旬开始采收，8月底拉秧，秋茬在7月上旬露地直播，9月上旬始收，10月上旬拉秧。实行严格的轮作制度，与非豆类作物实行3年以上轮作。现阶段登记的豇豆农药品种少，病虫害对常规农药产生一定抗性，防治效果不理想，尤其是生物农药成本高，见效慢，散户接受度低，需要新的防控药剂和防控模式。

2. 技术措施

（1）**播种前**。栽培前深翻冻垡，耕深应达到25～30厘米。结合整地，每亩施优质腐熟有机肥3 000～4 000千克，复合肥（21-21-21）50千克。播种前土地足墒灌溉一次，保证苗期到坐荚前的水量。

（2）**播种期**。当10厘米地温稳定通过12℃时为春、夏露地豇豆栽培的适宜播种期，一般情况下，露地采用挖穴点播，选用包衣的种子防治苗期病虫害。春茬3月底至4月上旬地膜加盖小拱棚直播；秋茬7月上旬露地直播。每亩宜用2 000～2 500穴，行穴距（100～150）厘米×（30～35）厘米，每穴2～3株。缓苗后及时检查出苗情况，对缺苗断垄的应及时补点补苗，补后及时浇透水。

春茬拱棚播种

（3）**苗期**。直播后（或定苗后）直到坐荚前，不补充肥水，防止旺长，进行中耕锄草。蚜虫、斑潜蝇、甜菜夜蛾、炭疽病、根腐病零星发生。根据病虫害发生情况进行防治，选用溴氰虫酰胺或吡虫啉人工喷雾防治蚜虫、斑潜蝇、甜菜夜蛾，炭疽病一般不需防治，人工拔除根腐病病株。

（4）**伸蔓期**。进行人工插架，不补充肥水，防止旺长，如遇底墒严重缺乏，无法保障苗维持正常生长时，可在伸蔓期通过滴灌适量补水一次。采用膜下滴灌水肥一体化管理，降低空气湿度，减轻病害的发生。上架后开花前，每亩悬挂30张黄色和蓝色诱虫板，诱杀蚜虫、粉虱、蓟马等害虫，悬挂高度1.0米左右。

（5）**开花结荚期至采摘期**。第一花序坐住荚、第一花序以后几节的花序显现时，进行第一次水肥补充，之后每5～7天补充水肥一次，每亩追施复合肥10～20千克，磷酸二铵10～15千克。采摘期

伸蔓期人工插架

正值高温多雨季节，应注意做好排水防涝工作。开花结荚期至采摘期发生的病虫主要有炭疽病、锈病、豇豆荚螟、斑潜蝇、蚜虫、蓟马，根据病虫害发生情况科学进行化学防治和生物防治。选用苯甲·嘧菌酯、氟菌·肟菌酯防治炭疽病；选用戊唑·嘧菌酯、硫磺·锰锌、苯醚·丙环唑等防治锈病；选用甲氨基阿维菌素苯甲酸盐、氯虫·高氯氟、苏云金杆菌、苯氧威·灭幼脲、溴氰虫酰胺、茚虫威、二嗪磷、氯虫苯甲酰胺防治豇豆荚螟；选用溴氰虫酰胺、乙基多杀菌素防治斑潜蝇；选用除虫菊素、溴氰虫酰胺、双丙环虫酯、苦参碱、阿维·氟啶防治蚜虫；选用甲氨基阿维菌素苯甲酸盐、啶虫脒、噻虫嗪、多杀霉素、吡虫啉·虫螨腈、苦参碱、螺虫乙酯、甲维·氟虫酰、金龟子绿僵菌防治蓟马。交替用药，防治2～3次。

3. 技术实施效果

（1）**病虫防治效果**。该示范点技术模式对豇豆病虫害防效稳定在85%以上，炭疽病、锈病、蓟马、豇豆荚螟、蚜虫、斑潜蝇等关键病虫害的防控效果达85%以上，与对照相比，减少化学农药使用量30%～40%。

（2）**提质增效情况**。示范点每亩人工及物化投入成本3 200元，春茬亩产量3 000～3 500千克，平均单价约3元/千克，亩收益5 800～7 300元；秋茬亩产量2 000～2 500千克，平均单价约5元/千克，亩收益6 800～9 300元。常规防治区每亩人工及物化

投入成本3 000元，春茬亩产量2 800～3 300千克，平均单价3元/千克，亩收益5 400～6 900元；秋茬亩产量1 800～2 300千克，平均单价约5元/千克，亩收益6 000～8 500元。与常规防治区相比，示范区每亩人工及物化投入成本增加200元，亩增产200千克，春茬亩增收400元，秋茬亩增收800元，豇豆品质明显提高，效益明显增加。夏季是豇豆产品大量上市时期，6—9月在全区范围内每月开展一次全覆盖监测，覆盖所有从事豇豆的生产农户，样品全部由生产环节抽取。监测方式采取速测和定量检测相结合的方式，监测数量根据每个生产农户实际种植情况，生产期每户至少抽检一次。抽检过程中未发现使用禁用农药，常规农药使用量未超标。

4. 注意事项 根据病虫监测及天气情况确定施药时间，开花期施药时间宜在10:00以前；严禁超范围、超剂量、超频次用药，严禁使用禁限用农药，严格遵守安全间隔期。

（撰写人：石家庄市栾城区农业技术推广中心

焦素环　李亚聪　康健　孟静静）

豇豆主要病虫害防治登记药剂

序号	防治对象	登记农药	制剂施用量	安全间隔期（天）	每季最多施用次数
1	蓟马	45%吡虫啉·虫螨腈悬浮剂	15～20毫升/亩	5	1
2	蓟马	600克/升吡虫啉悬浮剂	12～15毫升/亩	3	1
3	蓟马	30%虫螨·噻虫嗪悬浮剂	20～24毫升/亩	5	1
4	蓟马	400克/升虫螨·噻虫嗪悬浮剂	10～20毫升/亩	5	1
5	蓟马	20%虫螨腈·唑虫酰胺微乳剂	40～50毫升/亩	7	1
6	蓟马	20%虫螨腈·唑虫酰胺悬浮剂	30～40毫升/亩	7	1
7	蓟马	30%虫螨腈·唑虫酰胺悬浮剂	20～30毫升/亩	3	1
8	蓟马	5%啶虫脒乳油	30～40毫升/亩	3	1
9	蓟马	10%啶虫脒乳油	15～20毫升/亩	3	1
10	蓟马	6.8%多杀·甲维盐悬浮剂	10～12毫升/亩	7	1
11	蓟马	17.5%多杀霉素·唑虫酰胺悬浮剂	30～40毫升/亩	3	1
12	蓟马	5%多杀霉素悬浮剂	24～30毫升/亩	5	1
13	蓟马	10%多杀霉素悬浮剂	12.5～15毫升/亩	5	1
14	蓟马	20%多杀霉素悬浮剂	6～7毫升/亩	5	1
15	蓟马	25克/升多杀霉素悬浮剂	50～60毫升/亩	3	1
16	蓟马	480克/升多杀霉素悬浮剂	2.5～3毫升/亩	3	1
17	蓟马	9.5%多杀素·甲维微乳剂	4～6毫升/亩	3	1
18	蓟马	40%氟啶·噻虫嗪悬浮剂	8～10毫升/亩	5	1
19	蓟马	8%甲氨基阿维菌素苯甲酸盐可溶液剂	1.25～2.5毫升/亩	5	1

（续）

序号	防治对象	登记农药	制剂施用量	安全间隔期（天）	每季最多施用次数
20	蓟马	8%甲氨基阿维菌素苯甲酸盐水分散粒剂	2.5～4.5克/亩	7	—
21	蓟马	0.5%甲氨基阿维菌素苯甲酸盐微乳剂	36～48毫升/亩	3	1
22	蓟马	1%甲氨基阿维菌素苯甲酸盐微乳剂	18～24毫升/亩	3	1
23	蓟马	2%甲氨基阿维菌素苯甲酸盐微乳剂	9～12毫升/亩	3	1
24	蓟马	3%甲氨基阿维菌素苯甲酸盐微乳剂	6～8毫升/亩	7	1
25	蓟马	5%甲氨基阿维菌素苯甲酸盐微乳剂	3.5～4.5毫升/亩	3	1
26	蓟马	11.8%甲维·氟虫酰微乳剂	15～25毫升/亩	7	1
27	蓟马	100亿孢子/克金龟子绿僵菌悬浮剂	30～35毫升/亩	—	—
28	蓟马	100亿孢子/克金龟子绿僵菌油悬浮剂	25～35克/亩	—	—
29	蓟马	0.3%苦参碱可溶液剂	167～200毫升/亩	—	—
30	蓟马	0.5%苦参碱可溶液剂	90～120毫升/亩	—	—
31	蓟马	1%苦参碱可溶液剂	45～60毫升/亩	—	—
32	蓟马	1.5%苦参碱可溶液剂	30～40毫升/亩	—	—
33	蓟马	0.3%苦参碱水剂	167～200毫升/亩	—	—
34	蓟马	0.5%苦参碱水剂	100～120毫升/亩	—	—
35	蓟马	0.5%苦参提取物可溶液剂	90～120毫升/亩	—	—
36	蓟马	1%苦参提取物可溶液剂	45～60毫升/亩	—	—
37	蓟马	1.5%苦参提取物可溶液剂	30～40毫升/亩	—	—
38	蓟马	12%联苯·呋虫胺悬浮剂	25～35毫升/亩	3	1
39	蓟马	22%螺虫·噻虫啉悬浮剂	30～40毫升/亩	3	2
40	蓟马	22.4%螺虫乙酯悬浮剂	25～30毫升/亩	7	1
41	蓟马	30%螺虫乙酯悬浮剂	20～22毫升/亩	7	1
42	蓟马	40%螺虫乙酯悬浮剂	14～16毫升/亩	7	1
43	蓟马	50%螺虫乙酯悬浮剂	11～13毫升/亩	7	1
44	蓟马	22.4克/升螺虫乙酯悬浮剂	25～30毫升/亩	7	1
45	蓟马	25%噻虫嗪水分散粒剂	15～20克/亩	3	1
46	蓟马	50%噻虫嗪水分散粒剂	7.5～10克/亩	3	1
47	蓟马	10%溴氰虫酰胺可分散油悬浮剂	33.3～40毫升/亩	3	3
48	美洲斑潜蝇	20%虱螨脲·溴氰虫酰胺悬浮剂	8～12毫升/亩	3	1

（续）

序号	防治对象	登记农药	制剂施用量	安全间隔期（天）	每季最多施用次数
49	美洲斑潜蝇	10%溴氰虫酰胺可分散油悬浮剂	14～18毫升/亩	3	3
50	美洲斑潜蝇	60克/升乙基多杀菌素悬浮剂	50～58毫升/亩	3	2
51	豇豆荚螟	25%苯氧威·灭幼脲悬浮剂	60～75毫升/亩	3	1
52	豇豆荚螟	50%二嗪磷乳油	50～75毫升/亩	5	1
53	豇豆荚螟	4.5%高效氯氰菊酯乳油	30～40毫升/亩	3	1
54	豇豆荚螟	1%甲氨基阿维菌素苯甲酸盐微乳剂	18～24毫升/亩	3	1
55	豇豆荚螟	2%甲氨基阿维菌素苯甲酸盐微乳剂	9～12毫升/亩	3	1
56	豇豆荚螟	3%甲氨基阿维菌素苯甲酸盐微乳剂	6～8毫升/亩	3	1
57	豇豆荚螟	14%氯虫·高氯氟微囊悬浮-悬浮剂	15～20毫升/亩	5	2
58	豇豆荚螟	15%氯虫苯·高氟氯悬浮剂	10～18毫升/亩	2	1
59	豇豆荚螟	5%氯虫苯甲酰胺悬浮剂	45～60毫升/亩	5	2
60	豇豆荚螟	16000国际单位/毫克苏云金杆菌可湿性粉剂	150克/亩	—	—
61	豇豆荚螟	32000国际单位/毫克苏云金杆菌可湿性粉剂	75～100克/亩	—	—
62	豇豆荚螟	10%溴氰虫酰胺可分散油悬浮剂	14～18毫升/亩	3	3
63	豇豆荚螟	25%乙基多杀菌素水分散粒剂	12～14克/亩	7	2
64	豇豆荚螟	23%茚虫威水分散粒剂	8～11.5克/亩	3	1
65	豇豆荚螟	30%茚虫威水分散粒剂	6～9克/亩	3	1
66	甜菜夜蛾	80亿孢子/毫升金龟子绿僵菌CQMa421可分散油悬浮剂	40～60毫升/亩	—	—
67	甜菜夜蛾	300亿PIB/克甜菜夜蛾核型多角体病毒水分散粒剂	2～5克/亩	—	—
68	甜菜夜蛾	30亿PIB/毫升甜菜夜蛾核型多角体病毒悬浮剂	20～30毫升/亩	—	—
69	斜纹夜蛾	1%苦皮藤素水乳剂	90～120毫升/亩	10	2
70	蚜虫	24%阿维·氟啶悬浮剂	20～30毫升/亩	3	1
71	蚜虫	1.5%除虫菊素水乳剂	120～160毫升/亩	2	3
72	蚜虫	1.5%苦参碱可溶液剂	30～40毫升/亩	—	—

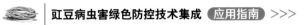

（续）

序号	防治对象	登记农药	制剂施用量	安全间隔期（天）	每季最多施用次数
73	蚜虫	50克/升双丙环虫酯可分散液剂	10～16毫升/亩	3	2
74	蚜虫	10%溴氰虫酰胺可分散油悬浮剂	33.3～40毫升/亩	3	3
75	二斑叶螨	43%联苯肼酯悬浮剂	20～30毫升/亩	5	1
76	大豆卷叶螟	100克/升顺式氯氰菊酯乳油	10～13毫升/亩	5	3
77	锈病	30%苯甲·丙环唑乳油	15～25毫升/亩	3	3
78	锈病	300克/升苯甲·丙环唑乳油	15～25毫升/亩	3	3
79	锈病	30%苯醚·丙环唑乳油	15～25毫升/亩	3	3
80	锈病	300克/升苯醚·丙环唑乳油	15～25毫升/亩	3	3
81	锈病	29%吡萘·嘧菌酯悬浮剂	45～60毫升/亩	3	3
82	锈病	40%腈菌唑可湿性粉剂	13～20克/亩	5	3
83	锈病	50%硫磺·锰锌可湿性粉剂	250～280克/亩	3	3
84	锈病	70%硫磺·锰锌可湿性粉剂	150～250克/亩	3	3
85	锈病	70%锰锌·硫磺可湿性粉剂	150～200克/亩	3	3
86	锈病	20%噻呋·吡唑酯悬浮剂	40～50毫升/亩	3	—
87	锈病	75%戊唑·嘧菌酯水分散粒剂	10～15克/亩	7	2
88	锈病	60%唑醚·锰锌水分散粒剂	80～100克/亩	14	3
89	白粉病	0.3%苦参碱可溶液剂	267～333毫升/亩	—	—
90	白粉病	0.3%苦参碱水剂	267～333毫升/亩	—	—
91	白粉病	0.5%苦参碱水剂	160～200毫升/亩	—	—
92	白粉病	0.4%蛇床子素可溶液剂	600～800倍液	—	—
93	白粉病	1%蛇床子素水乳剂	200～250毫升/亩	—	—
94	炭疽病	32.5%苯甲·嘧菌酯悬浮剂	40～60毫升/亩	3	3
95	炭疽病	325克/升苯甲·嘧菌酯悬浮剂	40～60毫升/亩	7	3
96	炭疽病	43%氟菌·肟菌酯悬浮剂	20～30毫升/亩	3	2
97	褐斑病	200克/升氟酰羟·苯甲唑悬浮剂	30～60毫升/亩	7	3
98	调节生长	0.4% 24-表芸·赤霉酸可溶液剂	1000～1500倍液	—	—
99	调节生长	0.8% 24-表芸·赤霉酸可溶液剂	2000～3000倍液	—	—

APPENDIXES2 附录2

禁限用农药名录

《中华人民共和国农产品质量安全法》规定，禁止在农产品生产经营过程中使用国家禁止使用的农业投入品以及其他有毒有害物质。《农药管理条例》规定，农药使用应按照标签规定的使用范围、安全间隔期用药，不得超范围用药。剧毒、高毒农药不得用于防治卫生害虫，不得用于蔬菜、瓜果、茶叶、菌类、中草药材的生产，不得用于水生植物的病虫害防治。

一、禁止使用的农药 (56种)

六六六	滴滴涕	毒杀芬	二溴氯丙烷	杀虫脒	二溴乙烷
除草醚	艾氏剂	狄氏剂	汞制剂	砷类	铅类
敌枯双	氟乙酰胺	甘氟	毒鼠强	氟乙酸钠	毒鼠硅
甲胺磷	对硫磷	甲基对硫磷	久效磷	磷胺	苯线磷
地虫硫磷	甲基硫环磷	磷化钙	磷化镁	磷化锌	硫线磷
蝇毒磷	治螟磷	特丁硫磷	氯磺隆	胺苯磺隆	甲磺隆
福美胂	福美甲胂	三氯杀螨醇	林丹	硫丹	氟虫胺
杀扑磷	百草枯	灭蚁灵	氯丹	2,4-滴丁酯	甲拌磷
甲基异柳磷	水胺硫磷	灭线磷	氧乐果*	克百威*	灭多威*
涕灭威*	溴甲烷*				

注：氧乐果、克百威、灭多威、涕灭威过渡期至2026年5月31日，过渡期内禁止在蔬菜、瓜果、茶叶、菌类、中草药材上使用，禁止用于防治卫生害虫，禁止用于水生植物的病虫害防治。

过渡期后禁止销售和使用上述4种农药。溴甲烷仅可用于"检疫熏蒸处理"。

二、限制使用的农药（12种）

通用名	禁止使用范围
内吸磷 硫环磷 氯唑磷	禁止在蔬菜、瓜果、茶叶、中草药材上使用。
乙酰甲胺磷 丁硫克百威 乐果	禁止在蔬菜、瓜果、茶叶、菌类、中草药材上使用。
毒死蜱 三唑磷	禁止在蔬菜上使用。
丁酰肼（比久）	禁止在花生上使用。
氰戊菊酯	禁止在茶叶上使用。
氟虫腈	禁止在所有农作物上使用（玉米等部分旱田种子包衣除外）。
氟苯虫酰胺	禁止在水稻上使用。

二〇二五年一月

REFERENCES 参考文献

陈燕羽, 陈俊谕, 牛玉, 2021. 豇豆高效栽培与病虫害绿色防控. 北京: 中国农业出版社.

陈燕羽, 李萍, 罗劲梅, 等, 2023. 热区豇豆"防虫网+"IPM技术体系及综合效益分析. 中国植保导刊, 43(7): 57-61.

封洪强, 姚青, 胡程, 等, 2023. 我国农作物病虫害智能监测预警技术新进展. 植物保护, 49(5): 229-242.

黄冲, 刘万才, 张剑, 等, 2020. 推进农作物病虫害精准测报的探索与实践. 中国植保导刊, 40(7): 47-50.

江苏省植物保护站, 2006. 农作物主要病虫害预测预报与防治. 南京: 江苏科学技术出版社.

李萍, 牛小慧, 2024. "生防菌+"露地豇豆绿色病虫害防控技术模式. 中国植保导刊, 44(2): 95-96.

李萍, 孙作文, 成文华, 2024. "天敌释放+"设施豇豆病虫害绿色防控技术模式. 中国植保导刊, 44(1): 114-115.

李荣云, 赖廷锋, 欧李坚, 等, 2011. 合浦县豇豆蓟马为害特点及防治技术. 现代农业科技(19): 211.

刘刚, 黄晓伟, 杨传新, 等, 2017. 我国豇豆病虫害防治用药登记应用现状及对策建议. 农药科学与管理, 38(3): 15-28.

刘暮莲, 沈小英, 黄向荣, 等, 2020. 合浦地区豇豆主要病虫害及其综合防治技术. 广西植保, 33(2): 14-16.

刘万才, 黄冲, 2018. 我国农作物现代病虫测报建设进展. 植物保护, 44(5): 159-167.

彭国雄, 谢佳沁, 夏玉先, 2017. 金龟子绿僵菌CQMa421与杀虫剂、杀菌剂的兼容性. 中国生物防治学报, 33(6): 747-751.

彭国雄, 张淑玲, 夏玉先, 2020. 金龟子绿僵菌CQMa421农药及应用情况. 中国生物防治学报, 36 (6): 850-857.

邱德文, 曾洪梅, 2021. 植物免疫诱抗技术. 北京: 科学出版社.

全国农业技术推广服务中心. 2013. 主要农作物病虫害测报技术规范应用手册. 北京: 中国农业出版社.

孙秀文, 王桂萍, 刘晓, 等, 2023. 金龟子绿僵菌CQMa421与4种新烟碱类农药混配对西花蓟马毒力的增效作用. 安徽农业科学(24).

王硕, 吕宝乾, 王树昌, 等, 2024. 基于防虫网+的热区豇豆病虫害生态调控策略. 热带农业科学: 1-9.

吴圣勇, 谢文, 刘万才, 等, 2024. 我国豇豆蓟马研究进展及综合防控措施. 植物保护, 50(2): 10-18.

谢文, 2022. 豇豆常见病虫害诊断与防控技术手册. 北京: 中国农业出版社.

张跃进, 等, 2006. 农作物有害生物测报技术手册. 北京: 中国农业出版社.

中国农业科学院植物保护研究所, 中国植物保护学会, 2015. 中国农作物病虫害. 3版. 北京: 中国农业出版社.

中华人民共和国农业农村部, 2021. 豇豆主要病虫害绿色防控技术规程 NY/T 4023—2021. 北京: 中国农业出版社.

中华人民共和国农业农村部, 2023. 蔬菜地防虫网应用技术规程 NY/T4449—2023. 北京: 中国农业出版社.

Carlos Henrique Marchiori, 2022. Agromyzidae (Insecta: Diptera) species as an important agricultural pest. International Journal of Science and Technology Research Archive, 2: 17-32.

Feng B, Qian K, Du Y J, 2017, Floral volatiles from *Vigna unguiculata* are olfactory and gustatory stimulants for oviposition by the bean pod borer moth *Maruca vitrata*. Insects, 8(2): 60.

He Z, Guo J F, Reitz S R, et al., 2020. A global invasion by the thrip, *Frankliniella occidentalis*: Current virus vector status and its management. Insect Science, 27: 626-645.